人工智能与大数据专业群人才培养系列教材

计算机视觉应用开发基础

田 黎 主 编
程 源 姚 宏 陈 鑫 副主编

电子工业出版社
Publishing House of Electronics Industry
北京·BEIJING

内 容 简 介

本书共 16 章，所有内容均为掌握计算机视觉应用开发技术所需的基础图像处理知识。第 1 章为计算机视觉开发的环境介绍；第 2~8 章为图像处理基础知识，包括图像处理基础、图像运算、色彩空间转换、图像几何变换、图像滤波、图像梯度和图像的直方图处理；第 9~16 章为计算机视觉应用开发的相关内容，其中融合了计算机视觉应用"1+X"职业技能等级证书相关知识点，主要包括绘制图形、图像金字塔、图像特征检测算法、人脸检测与人脸识别、目标检测与识别、网络图像采集、图像数据标注、视频处理。

本书可作为高职院校人工智能相关专业"计算机视觉应用开发"课程的教材，也可作为计算机培训机构计算机视觉应用开发相关课程的培训资料；对于广大计算机视觉开发爱好者，本书是很好的入门级学习用书。

未经许可，不得以任何方式复制或抄袭本书之部分或全部内容。
版权所有，侵权必究。

图书在版编目（CIP）数据

计算机视觉应用开发基础 / 田黎主编 . -- 北京：电子工业出版社，2023.5
ISBN 978-7-121-44863-8

Ⅰ.①计… Ⅱ.①田… Ⅲ.①计算机视觉 – 高等职业教育 – 教材 Ⅳ.① TP302.7

中国国家版本馆 CIP 数据核字（2023）第 004441 号

责任编辑：李　静
印　　刷：天津嘉恒印务有限公司
装　　订：天津嘉恒印务有限公司
出版发行：电子工业出版社
　　　　　北京市海淀区万寿路 173 信箱　邮编　100036
开　　本：787×1092　1/16　印张：10　字数：256 千字
版　　次：2023 年 5 月第 1 版
印　　次：2023 年 5 月第 1 次印刷
定　　价：39.80 元

凡所购买电子工业出版社图书有缺损问题，请向购买书店调换。若书店售缺，请与本社发行部联系，联系及邮购电话：（010）88254888，88258888。
质量投诉请发邮件至 zlts@phei.com.cn，盗版侵权举报请发邮件至 dbqq@phei.com.cn。
本书咨询联系方式：（010）88254604，lijing@phei.com.cn（QQ:1096074593）。

前　　言

随着人工智能的兴起，计算机视觉应用技术的应用越来越广泛。为适应这一领域迅速增长环境下的人才需求，国内部分高职院校陆续开设了相关课程。

目前市面上常见的计算机视觉应用开发类书籍中，还没有适合高职院校学生使用的教材。本书以实践为导向，夯实基础概念，重视实际操作和开发应用，并结合高职院校学生的特点，在"黑盒"学习和"白盒"学习之间取得平衡，让学生掌握算法实现的基本原理，而又不过多地考虑实现细节和数学推导过程。

本书以实践为导向，以实际应用为目标介绍图像处理基础知识与计算机视觉应用开发的基本概念和基础知识，并结合计算机视觉应用"1+X"职业技能等级证书相关知识点，使用 Python 实现一些常用的图像处理和计算机视觉典型算法。本书包含计算机视觉应用开发的环境介绍、图像处理基础、图像运算、色彩空间转换、图像几何变换、图像滤波、图像梯度、图像的直方图处理、绘制图形、图像金字塔、图像特征检测算法、人脸检测与人脸识别、目标检测与识别、网络图像采集、图像数据标注、视频处理等内容，采用模块化的组织形式，便于教师的教学实施，以及学生由浅入深地学习各相关知识点。

本书配套电子课件、电子教案、案例源代码、微课、习题库等数字化教学资源，请需要的读者登录华信教育资源网自行下载。

说明：因本书中图片均为灰度图，无法展示彩色效果，请大家结合软件进行学习。

编　者

2023 年 5 月

目 录

第 1 章 开发环境 OpenCV 入门 ·· 1
1.1 安装与配置 OpenCV ·· 2
1.2 图像读 / 写的基本操作 ·· 4
1.2.1 读取图像 ··· 4
1.2.2 显示图像 ··· 4
1.2.3 保存图像 ··· 7
1.2.4 查看图像属性 ·· 8
1.3 OpenCV 贡献库 ··· 8
思考与练习 ·· 9

第 2 章 图像处理基础 ·· 10
2.1 图像的获取及基本表示方法 ·· 10
2.2 图像处理中的 NumPy 简介 ·· 12
2.3 像素处理 ·· 15
2.4 使用 NumPy 访问像素 ··· 22
思考与练习 ·· 25

第 3 章 图像运算 ·· 26
3.1 图像加减运算 ·· 26
3.2 图像混合 ·· 29
3.3 图像按位逻辑运算 ·· 30
3.3.1 按位与运算 ·· 30
3.3.2 按位或运算 ·· 31
3.3.3 按位非（取反）运算 ··· 32
3.3.4 按位异或运算 ·· 33
3.4 掩模 ··· 34
3.5 图像加密、解密 ·· 35
思考与练习 ·· 37

第 4 章 色彩空间转换 38

- 4.1 GRAY 色彩空间 38
- 4.2 XYZ 色彩空间 39
- 4.3 YCrCb 色彩空间 39
- 4.4 HSV 色彩空间 39
- 4.5 标记指定颜色 42
- 思考与练习 43

第 5 章 图像几何变换 44

- 5.1 缩放 44
- 5.2 翻转 46
- 5.3 仿射变换 47
  - 5.3.1 平移 47
  - 5.3.2 旋转 48
  - 5.3.3 复杂的仿射变换 49
- 5.4 透视 51
- 思考与练习 52

第 6 章 图像滤波 53

- 6.1 均值滤波 53
- 6.2 高斯滤波 55
- 6.3 中值滤波 57
- 6.4 2D 卷积 59
- 思考与练习 60

第 7 章 图像梯度 61

- 7.1 Sobel 算子及函数 61
- 7.2 Scharr 算子及函数 64
- 7.3 Laplacian 算子及函数 66
- 思考与练习 68

第 8 章 图像的直方图处理 69

- 8.1 直方图的含义 69
- 8.2 绘制直方图 70
  - 8.2.1 使用 Matplotlib 和 NumPy 绘制直方图 70
  - 8.2.2 使用 OpenCV 绘制直方图 72

8.2.3 彩色图像直方图 ·· 73
8.3 直方图均衡化 ·· 73
思考与练习 ·· 76

第 9 章 绘制图形 ·· 77

9.1 绘制直线 ·· 77
9.2 绘制矩形 ·· 78
9.3 绘制圆形 ·· 79
9.4 绘制椭圆形 ··· 80
9.5 绘制多边形 ··· 81
9.6 在图像内添加（绘制）文字 ··· 83
思考与练习 ·· 84

第 10 章 图像金字塔 ··· 85

10.1 图像金字塔简介 ··· 85
10.2 cv2.pyrDown() 函数及使用 ·· 87
10.3 cv2.pyrUp() 函数及使用 ·· 88
10.4 拉普拉斯金字塔 ··· 90
思考与练习 ·· 93

第 11 章 图像特征检测算法 ·· 94

11.1 Harris 角点检测 ··· 94
11.2 SIFT 特征 ··· 96
11.3 SURF 特征 ·· 99
11.4 FAST 角点检测算法 ··· 103
11.5 BRIEF 描述符 ··· 105
11.6 ORB 特征匹配 ·· 107
思考与练习 ·· 109

第 12 章 人脸检测与人脸识别 ··· 110

12.1 人脸检测 ··· 110
  12.1.1 级联分类器 ·· 110
  12.1.2 Haar 级联的概念 ··· 111
  12.1.3 获取级联数据 ··· 113
12.2 人脸识别 ··· 115
思考与练习 ·· 119

第 13 章　目标检测与识别 ··· 120
　　思考与练习 ··· 125
第 14 章　网络图像采集 ··· 126
　　14.1　网络爬虫的工作流程 ·· 126
　　14.2　数据抓取的实现 ·· 127
　　　　14.2.1　urllib 的使用 ·· 127
　　　　14.2.2　requests 的使用 ·· 131
　　　　14.2.3　BeautifulSoup 解析数据 ··· 132
　　思考与练习 ··· 134
第 15 章　图像数据标注 ··· 135
　　15.1　LabelMe 的安装和使用 ··· 137
　　15.2　分类标注 ··· 138
　　15.3　标框标注 ··· 140
　　15.4　区域标注 ··· 142
　　思考与练习 ··· 145
第 16 章　视频处理 ··· 146
　　16.1　cv2.VideoCapture 类 ·· 146
　　　　16.1.1　类函数介绍 ··· 146
　　　　16.1.2　捕获摄像头视频 ··· 148
　　16.2　cv2.VideoWriter 类 ·· 149
　　16.3　保存视频 ··· 151
　　思考与练习 ··· 152

第1章 开发环境 OpenCV 入门

OpenCV 是一个基于 BSD 许可（开源）发行的跨平台计算机视觉库，可以运行在 Linux、Windows、Android 和 Mac OS 操作系统上。它是轻量级且高效的，由一系列 C 函数和少量 C++ 类构成，同时提供了 Python、Ruby、MATLAB 等语言的接口，实现了图像处理和计算机视觉方面的很多通用算法。

OpenCV 最早源于 Intel 公司 1998 年的一个研究项目，当时在 Intel 从事计算机视觉的工程师盖瑞·布拉德斯基（Gary Bradski）访问一些大学和研究组时发现学生之间实现计算机视觉算法用的都是各自实验室里的内部代码或库，这样新来实验室的学生就能基于前人写的基本函数快速上手进行研究。于是 OpenCV 旨在提供一个用于计算机视觉的科研和商业应用的高性能通用库。第一个 alpha 版本的 OpenCV 于 2000 年的 CVPR（IEEE 国际计算机视觉与模式识别会议）上发布，在接下来的 5 年里，又陆续发布了 5 个 beta 版本，2006 年发布了第一个正式版本。2009 年随着盖瑞加入 Willow Garage，OpenCV 从 Willow Garage 得到了有力的支持，并发布了 1.1 版本。2010 年 OpenCV 发布了 2.0 版本，添加了非常完备的 C++ 接口，从 2.0 版本开始用户数量非常庞大。2015 年 OpenCV 3 正式发布，除了架构的调整，还加入了更多算法，更多优化的性能和更加简洁的 API，另外也加强了对 GPU 的支持，现在已经在许多研究机构和商业公司中应用开来。

本书以 OpenCV-Python 为对象，它是 OpenCV 的 Python API，它结合了 OpenCV C++ API 和 Python 的最佳优势。OpenCV-Python 是一种用来快速解决计算机视觉问题的工具。它涵盖了计算机视觉各个领域内的 500 多个函数，可以在多种操作系统上运行。它旨在提供一个简洁而又高效的接口，从而帮助开发人员快速地构建视觉应用平台。

OpenCV 更像一个黑盒，让我们专注于计算机视觉应用技术的开发，而不必过多关注基础图像处理的具体细节。就像 PhotoShop 一样，可以方便地使用它处理图像，只需要专注于图像处理本身，而不需要掌握复杂的图像处理算法的具体实现细节。

本章将介绍 OpenCV 的具体配置过程及基础使用方法。

1.1 安装与配置 OpenCV

Python 的开发环境有很多种，如 Anaconda、VScode 等，在实际开发时我们可以根据需要选择一种适合自己的。在本书中，我们选择使用 Anaconda 作为开发环境。本节简单介绍如何配置环境，来实现在 Anaconda 平台中使用基于 Python 的 OpenCV 库。

1. Anaconda 的安装配置

前往 Anaconda 的官方网站下载 Anaconda 安装包，根据操作系统不同可选择不同版本的安装包。下载完成后，按照提示逐步完成安装即可。

安装完成后，启动 Anaconda，若出现如图 1-1 所示的界面，则表示安装成功。

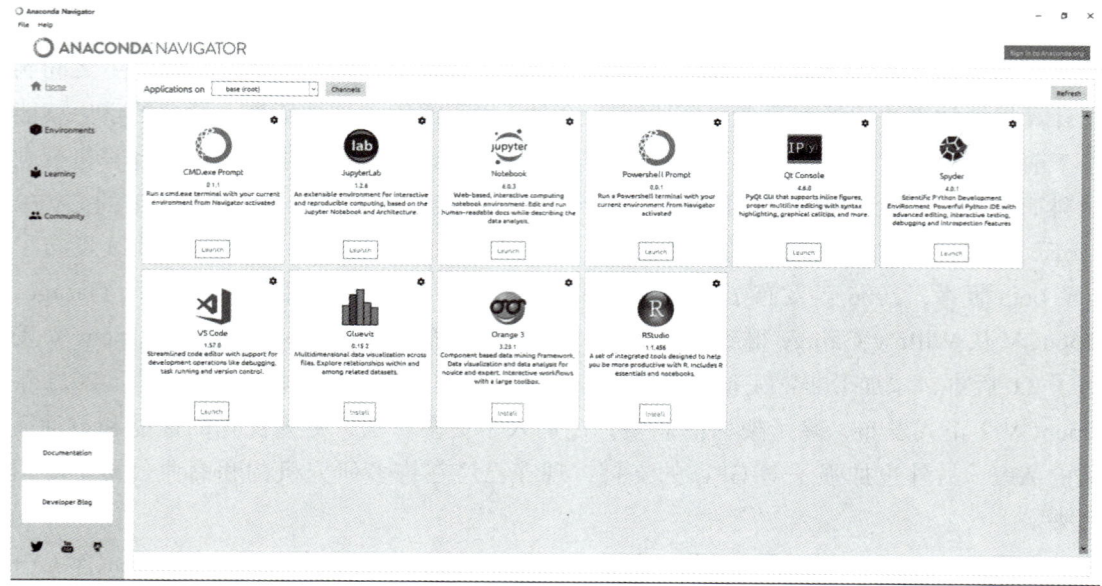

图 1-1　Anaconda 启动界面

2. Python 的安装配置

本书使用的是 Python 3 版本。虽然 Python 2 和 Python 3 有很多相同之处，以至 Python 2 的读者也可以使用本书，但还是要进行说明。可以在 Python 官网上下载 Python 3 的安装包进行安装。根据操作系统不同可选择不同版本的安装包。下载完成后，按照提示逐步完成安装即可。

实际上，最新版本的 Anaconda 安装包里就已经含有 Python 安装包，在安装 Anaconda 的同时也安装了 Python。如需确认 Python 是否已经安装成功，可以打开 Anaconda Prompt

命令行，输入"python"，如出现如图 1-2 所示的界面，就表示 Python 已经安装成功，并显示版本号为 Python 3.7.6。

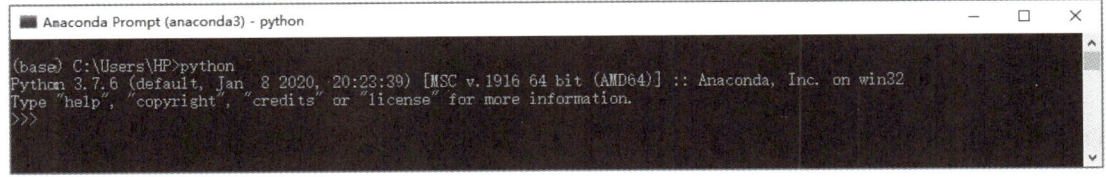

图 1-2　确认 Python 安装版本界面

3. OpenCV 的安装配置

我们可以从官网下载 OpenCV 的安装包，编译后使用；也可以直接使用第三方提供的预编译包；还可以通过命令行直接下载安装。在本书中，选择使用命令行下载安装，打开 Anaconda Prompt 命令行，输入：

```
pip install opencv-python
```

命令即可启动安装过程。安装完成后，再次输入安装命令，则会出现如图 1-3 所示的安装成功版本信息。也可以在 Anaconda Prompt 内使用 conda list 命令查看安装是否成功，如果成功，结果如图 1-4 所示，就会显示安装成功的 OpenCV 库及对应的版本等信息。

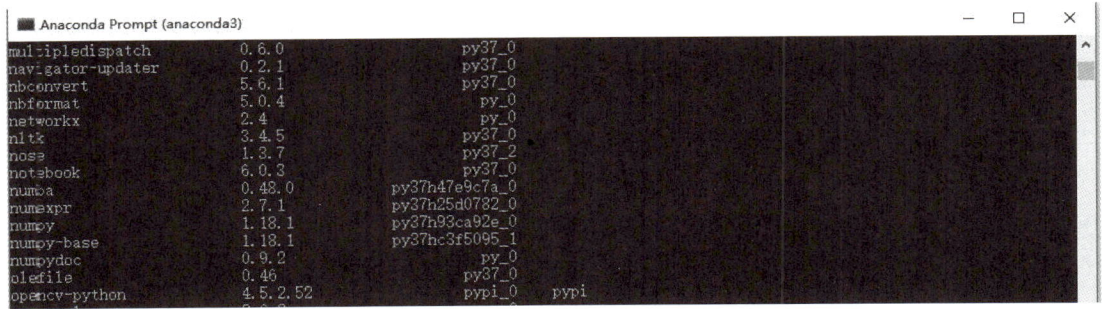

图 1-3　OpenCV 安装成功版本信息

图 1-4　用 conda list 命令查看 OpenCV 安装成功版本信息

本节主要介绍了如何在 Windows 操作系统下配置 OpenCV 的开发环境，在 Mac OS 及 Linux 操作系统中的安装配置也类似，具体方法请参考官网的具体介绍。

1.2 图像读/写的基本操作

在计算机视觉应用开发中，读取、显示、保存图像是图像处理中最基本的操作，OpenCV 提供了相关的函数来进行这些操作，本节介绍图像读/写的基本操作。

1.2.1 读取图像

OpenCV 中提供了 cv2.imread() 函数用于读取图像，该函数支持各种静态图像格式。使用 cv2.imread() 函数读取图像，读取的图像是 NumPy 数组。该函数的语法格式为：

```
retval=cv2.imread(filename[, flags])
```

其中：
- retval 是返回值，其值是读取到的图像。如果未读取到图像，就返回 "None"。
- filename 表示要读取的图像的完整路径文件名。
- flags 是读取标记，默认值为 1。该标记用来控制读取文件的类型，常用参数值如表 1-1 所示。表 1-1 中的第一列参数与第二列数值是等价的。

表 1-1 常用 flags 标记值含义

参数	等价数值	含义
cv2.IMREAD_UNCHANGED	-1	保持原图像格式不变
cv2.IMREAD_GRAYSCALE	0	将图像调整为单通道的灰度图像
cv2.IMREAD_COLOR	1	将图像调整为 3 通道的 BGR 图像，该值是默认值
cv2.IMREAD_ANYDEPTH	2	当读取的图像深度为 16 位或 32 位，使用该 flags 值时，就返回其对应的深度图像，并且将读取的图像调整为单通道的灰度图像。否则，读取图像转化为 8 位图像
cv2.IMREAD_ANYCOLOR	4	以读取图像的彩色格式读取图像
cv2.IMREAD_LOAD_GDAL	8	使用 gdal 驱动程序加载图像

cv2.imread() 函数也能读取包括常见的 *.bmp、*.jpg、*.png 等多种不同的图像格式。更多详细内容请参考 OpenCV 的官方参考文档。

1.2.2 显示图像

OpenCV 提供了多个与显示图像有关的函数，下面对常用的函数进行介绍。

1. cv2.namedWindow() 函数

cv2.namedWindow() 函数用来创建指定名称的窗口用于显示图像，其语法格式为：

```
None=cv2.namedWindow(winname)
```

其中，winname 是要创建的窗口的名称。

例如，下列语句会创建一个名为 image 的窗口：

```
cv2.namedWindow("image")
```

2. cv2.imshow() 函数

cv2.imshow() 函数用来显示图像，其语法格式为：

```
None=cv2.imshow(winname,mat)
```

其中：
- winname 是窗口名称。
- mat 是要显示的图像。

【例 1-1】在一个窗口内显示读取的图像。

根据题目要求，编写程序如下：

```
import cv2                          # 导入 cv2 包
lena = cv2.imread("lena.bmp")       # 读取图像
cv2.namedWindow("image")            # 创建窗口
cv2.imshow("image", lena)           # 显示图像
cv2.waitKey(0)                      # 暂停程序
```

在上面的程序中，首先通过 cv2.imread() 函数读取同一路径下的图像 lena.bmp，接下来通过 cv2.namedWindow() 函数创建一个名为 image 的窗口，然后通过 cv2.imshow() 函数在该窗口内显示图像 lena.bmp。最后通过 cv2.waitKey(0) 暂停程序显示图像。运行上述程序，得到的运行结果如图 1-5 所示。

注意：此图像要放在程序的工作目录下，或者指定图像的完整路径名，否则会出现无法读取图像的错误。

图 1-5 例 1-1 程序运行结果

3. cv2.waitKey() 函数

cv2.waitKey() 函数用来等待按键操作，当用户按下按键后，该语句会被执行，并获取返回值，其语法格式为：

```
retval=cv2.waitKey([delay])
```

其中：

- retval 表示返回值。若没有按键被按下，则返回 -1；若有按键被按下，则返回该按键的 ASCII 码。
- delay 表示等待键盘触发的时间，单位是毫秒（ms）。当该值是负数或 0 时，表示无限等待。该值默认为 0。

注意：在实际使用中，可以通过 cv2.waitKey() 函数获取按下的按键，并针对不同的按键执行不同的操作，从而实现交互功能。下面通过一个示例演示如何通过 cv2.waitKey() 函数实现交互功能。

【例 1-2】在一个窗口内显示图像，并针对按下的不同按键做出不同的反应。cv2.waitKey() 函数能够获取按键的 ASCII 码值。Python 提供了 ord() 函数，用来获取字符的 ASCII 码值。因此，在判断是否按下了某个特定的按键时，可以先使用 ord() 函数获取该特定字符的 ASCII 码值，再将该值与 cv2.waitKey() 函数的返回值进行比较，从而确定是否按下了某个特定的按键。这样，在程序设计中就不需要 ASCII 码值的直接参与了，从而避免了使用 ASCII 码值进行比较可能带来的不便。例如，要判断是否按下了字母 A 键，可以直接使用 "返回值 == ord('A')" 语句来完成。

根据题目要求及以上分析，编写程序如下：

```python
import cv2                                          # 导入 cv2 包
lena = cv2.imread("lena.bmp")                       # 读取图像
cv2.imshow("demo", lena)                            # 显示图像
key = cv2.waitKey()
if key == ord('A'):                                 # 若按下了 A 键，则创建 PressA 窗口显示图像
    cv2.imshow("PressA", lena)
    cv2.waitKey(0)
elif key == ord('B'):                               # 若按下了 B 键，则创建 PressB 窗口显示图像
    cv2.imshow("PressB", lena)
    cv2.waitKey(0)
```

运行上述程序，按下键盘上的 A 键或 B 键，就会在一个新窗口内显示图像 lena.bmp。

4. cv2.destroyWindow() 函数

cv2.destroyWindow() 函数用来释放（销毁）指定窗口，其语法格式为：

```
None=cv2.destroyWindow( winname)
```

其中，winname 是窗口的名称。

在实际使用中，该函数通常与 cv2.waitKey() 函数组合实现窗口的释放。

【例 1-3】编写一个程序，演示如何使用 cv2.destroyWindow() 函数释放窗口。根据要求，编写程序如下：

```
import cv2
Lena = cv2.imread("lena.bmp")
cv2.imshow("demo", lena)
cv2.waitKey()
cv2.destroyWindow("demo")
```

运行上述程序，首先会在一个名为 demo 的窗口内显示 lena.bmp 图像。在运行程序的过程中，当未按下键盘上的按键时，程序没有新的状态出现；当按下键盘上任意一个按键后，demo 窗口会被释放。

5. cv2.destroyAllWindows() 函数

cv2.destroyAllWindows() 函数用来释放（销毁）所有窗口，其语法格式为：

```
None=cv2.destroyAllWindows()
```

【例 1-4】编写一个程序，演示如何使用 cv2.destroyAllWindows() 函数释放所有窗口。根据题目要求，编写程序如下：

```
import cv2
lena = cv2.imread("lena.bmp")
cv2.imshow("demo1", lena)
cv2.imshow("demo2", lena)
cv2.waitKey()
cv2.destroyAllWindows()
```

运行上述程序，会分别出现名称为 demo1 和 demo2 的窗口，在两个窗口中显示的都是 lena.bmp 图像。在未按下键盘上的按键时，窗口中没有新的状态出现；当按下键盘上任意一个按键后，两个窗口都会被释放。

1.2.3 保存图像

OpenCV 提供了 cv2.imwrite() 函数，用来保存图像，该函数的语法格式为：

```
retval=cv2.imwrite(filename, img[,params])
```

其中：
- retval 是返回值。若保存成功，则返回 True；若保存不成功，则返回 False。
- filename 是要保存的目标文件的完整路径名，包含文件扩展名。
- img 是被保存图像的图像数据。
- params 是保存类型参数，是可选的。

【例 1-5】编写一个程序，将读取的图像保存到当前目录下。根据题目要求，编写程序如下：

```
import cv2
lena = cv2.imread("lena.bmp")
r = cv2.imwrite("result.bmp", lena)
```

该程序首先会读取当前目录下的图像 lena.bmp，生成它的一个副本图像，然后将该图像以名称 result.bmp 存储到当前目录中。

1.2.4 查看图像属性

图像的属性主要包括：行、列、通道及图像的数据类型、像素数目等，获取其属性的函数如下所示。

- img.shape：可以获取图像的形状，它返回的是一个包含行数、列数、通道数的元组。
- img.size：返回图像的像素数目。
- img.dtype：返回图像的数据类型。

【例 1-6】编写一个程序，读取一幅图片，显示图像形状、像素数目及数据类型。根据题目要求，编写程序如下：

```
import cv2
img = cv2.imread("lena.bmp")
print("图像形状:", img.shape)
print("像素数目:", img.size)
print("数据类型:", img.dtype)
```

该程序首先会读取当前目录中的图像 lena.bmp，然后显示该图像的属性值如下：

```
图像形状: (512, 512, 3)
像素数目: 786432
数据类型: uint8
```

1.3 OpenCV 贡献库

目前，OpenCV 库包含如下两部分。

- OpenCV 主库：即通常安装的 OpenCV 库，该库是成熟、稳定的，由核心的 OpenCV 团队维护。
- OpenCV 贡献库：该扩展库的名称为 opencv_contrib，主要由社区开发和维护，其包含的视觉应用比 OpenCV 主库更全面。如要使用人脸识别模块，就需要安装该贡献库。需要注意的是，OpenCV 贡献库中包含非 OpenCV 许可的部分，并且包含受专利保护的算法。因此，在使用该模块前需要特别注意。

OpenCV 贡献库中包含了非常多的扩展模块，举例如下。

- bioinspired：生物视觉模块。
- datasets：数据集读取模块。
- dnn：深度神经网络模块。
- face：人脸识别模块。
- matlab：MATLAB 接口模块。
- stereo：双目立体匹配模块。
- text：视觉文本匹配模块。
- tracking：基于视觉的目标跟踪模块。
- ximgpro：图像处理扩展模块。
- xobjdetect：增强 2D 目标检测模块。
- xphoto：计算摄影扩展模块。

可以通过以下两种方式使用贡献库：

- 下载 OpenCV 贡献库，使用 cmake 手动编译；
- 通过以下语句

```
pip install opencv-contrib-python
```

直接安装编译好的 OpenCV 贡献库。官网上提供了该方案的常见问题列表 FAQ（Frequently Asked Questions），而且该列表是不断更新的。

思考与练习

1. 在自己的计算机中安装配置 Anaconda 和 OpenCV 的开发环境。
2. 编程完成读取指定图像操作，显示图像并保存。
3. 在自己的计算机中安装配置 OpenCV 贡献库。

第 2 章　图像处理基础

图像处理是信号处理的一种，其输入为一幅图像，输出是优化后的图像或抽取出的图像特征。作为计算机视觉应用技术的基础，图像处理受到了越来越多的关注。本章主要介绍图像的基本表示方法、像素的访问和操作、感兴趣区域处理、通道处理等知识。在 Python 中，图像通常通过 NumPy 矩阵表示，也就是使用 NumPy 创建的数组生成图像。而使用 OpenCV 可以进行很多图像处理操作，需要注意的是，使用面向 Python 的 OpenCV 必须熟练掌握 NumPy 库，尤其是 Numpy.array 库，这是使用 Python 处理图像的基础。

2.1　图像的获取及基本表示方法

本节主要讨论图像的获取及二值图像、灰度图像、彩色图像的基本表示方法。

1. 图像获取

从现实世界中获得数字图像的过程称为图像的"获取"，常用的图像获取设备有扫描仪、数码相机、摄像头、摄像机等。如图 2-1 所示，通过扫描、分色、取样、量化的过程，完成从模拟图像到数字图像的转换。

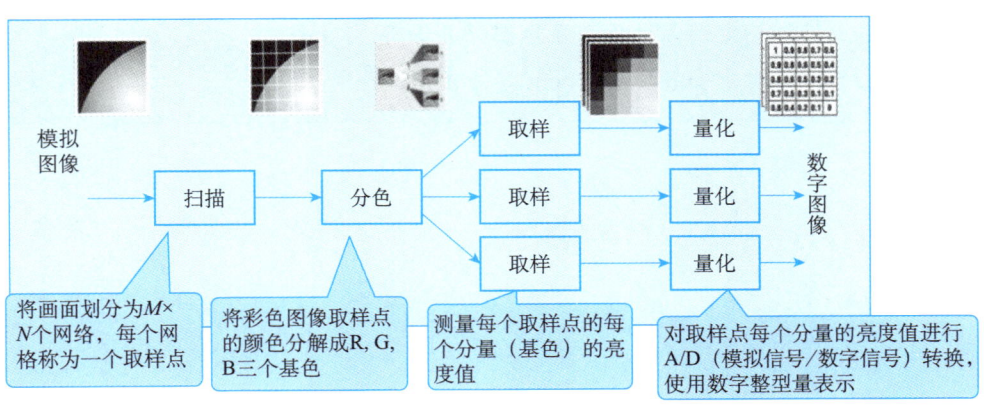

图 2-1　模拟图像到数字图像的转换过程

- 10 -

2. 二值图像

二值图像也称单色图像或 1 位图像,以及颜色深度为 1 的图像,它是仅仅包含黑色和白色两种颜色的图像。在计算机中,图像是通过一个栅格状排列的数据集(矩阵)来表示和处理的。计算机在处理二值图像时,会首先将其划分为一个个小方块,每个小方块就是一个独立的处理单位,称为像素。一般计算机会将其中的白色像素(白色小方块区域)处理为"1",将黑色像素(黑色小方块区域)处理为"0",以方便进行后续的存储和处理等操作。典型的二值图像及其矩阵表示如图 2-2 所示。

图 2-2 典型的二值图像及其矩阵表示

3. 灰度图像

二值图像的表示方法简单便捷,但是因为其仅有黑、白两种颜色,所表示的图像不够细腻。如果想要表现更多的细节,就需要使用更多的颜色。例如,图 2-3 中的 lena 图像是一幅灰度图像,它采用了更多的数值以体现不同的颜色,因此该图像的细节信息更丰富。

灰度图像是包含灰度级(亮度)的图像,通常计算机会将灰度处理为 256 个灰度级,用数值区间 [0,255] 来表示。其中,数值"255"表示纯白色,数值"0"表示纯黑色,其余的数值表示从纯白色到纯黑色之间不同级别的灰度。用于表

图 2-3 lena 灰度图像

示 256 个灰度级的数值 0～255,也就是灰度级,正好可以用 1 字节(8 位二进制值)来表示。

有些情况下,也会使用 8 位二进制值来表示一幅二值图像。这种情况下,使用灰度级 255 表示白色、灰度级 0 表示黑色。此时,该二值图像内仅有数值 0 和数值 255 两种类型的灰度级(灰度级),不存在其他灰度级的像素。

4. 彩色图像

相比二值图像和灰度图像,彩色图像则是更常见的一类图像,它能表现出更丰富的细节信息。以常用的 RGB 色彩空间为例,在 RGB 色彩空间中,有 R(red,红色)通道、G(green,绿色)通道和 B(blue,蓝色)通道,共 3 个通道。以 8 位深度的彩色图像为

例，每个色彩通道值的范围都为 [0,255]，用这 3 个色彩通道的组合表示颜色，所以，一共可以表示 256×256×256=16777216 种颜色。

通常用一个三维数组来表示一幅 RGB 色彩空间的彩色图像。一般情况下，在 RGB 色彩空间中，图像通道的顺序是 R→G→B，即第 1 个通道是 R 通道，第 2 个通道是 G 通道，第 3 个通道是 B 通道。但在 OpenCV 中，图像通道的顺序是 B→G→R，在处理的过程中一定要注意。

在图像处理过程中，可以根据需要对图像通道的顺序进行转换。除此以外，还可以根据需要，对不同色彩空间的图像进行类型转换，将彩色图像转换为灰度图像，将灰度图像处理为二值图像等。

2.2 图像处理中的 NumPy 简介

NumPy 是支持 Python 语言的一个开源的数值计算扩充程序库，支持高维度数组与矩阵运算，可用来存储和处理大型矩阵，此外也为数组运算提供大量的数学函数库。现有的 Python 版本一般是包含 NumPy 模块的，如图 2-4 所示，可以在 Python 解析器下输入 import numpy 命令查看 NumPy 模块是否安装成功。如果 Python 中包含 NumPy 模块，就不会出现报错，继续输入 numpy 命令，就会出现 NumPy 模块安装后所在的路径。如果 NumPy 模块未安装，可以使用如下命令安装该库：

```
pip install numpy
```

图 2-4　检查 NumPy 模块是否安装成功

1. 数组类型 ndarray

ndarray 对象是用于存放同类型元素的多维数组，是 NumPy 中的基本对象之一。它是一系列同类型数据的集合，以下标 0 开始进行集合中元素的索引。通常可以用 numpy.array 的方式创建一个 ndarray 数组。

【例 2-1】通过元组 tuple 或列表 list 构建一维及多维数组。根据题目要求，编写程序如下：

```python
import numpy as np
# 通过元组 tuple 构建数组
pytuple = (1, 2, 3)
array1 = np.array(pytuple)
print("通过元组 tuple 构建数组: \n", array1)
# 通过列表 list 构建数组
pylist = [4, 5, 6]
array2 = np.array(pylist)
print("通过列表 list 构建数组: \n", array2)
# 构建多维的数组
pylist1 = [1, 2, 3]
pylist2 = [4, 5, 6]
marray = np.array([pylist1, pylist2])
print("构建多维的数组: \n", marray)
```

输出结果如下:

```
通过元组 tuple 构建数组:
 [1 2 3]
通过列表 list 构建数组:
 [4 5 6]
构建多维的数组:
 [[1 2 3]
 [4 5 6]]
```

在创建数组时，可以根据初始值自动推断数组的数据类型，也可以明确指定数据类型，NumPy 包含的数据类型如表 2-1 所示。

表 2-1 **NumPy 包含的数据类型**

数据类型	说　　明
bool	布尔类型，True 或 False，占用 1 位（比特）
int	整数，其长度取决于平台，一般是 int32 或 int64
int8	8 位（1 字节）长度的整数，取值为 $[-2^8, 2^8-1]$
int16	16 位长度的整数，取值为 $[-2^{16}, 2^{16}-1]$
int32	32 位长度的整数，取值为 $[-2^{31}, 2^{31}-1]$
int64	64 位长度的整数，取值为 $[-2^{63}, 2^{63}-1]$
uint8	8 位无符号整数，取值为 $[0, 2^8-1]$
uint16	16 位无符号整数，取值为 $[0, 2^{16}-1]$
uint32	32 位无符号整数，取值为 $[0, 2^{32}-1]$
uint64	64 位无符号整数，取值为 $[0, 2^{64}-1]$
float16	16 位半精度浮点数：1 位符号位，5 位指数，10 位尾数
float32	32 位半精度浮点数：1 位符号位，8 位指数，23 位尾数

（续表）

数据类型	说　　明
float64 或 float	64 位半精度浮点数：1 位符号位，11 位指数，52 位尾数
complex64	复数类型，实部和虚部都是 32 位浮点数
complex128 或 complex	复数类型，实部和虚部都是 64 位浮点数

同时，ndarray 对象常用的属性如下所示。

- T：转置数组，如果维度小于 2 就返回矩阵本身。
- size：数组中元素的个数。
- itemsize：数组中单个元素的字节数。
- dtype：数组元素的数据类型对象。
- ndim：数组的维度。
- shape：数组的形状。
- data：指向存放数组数据的 Python buffer 对象。
- flat：返回数组的一维迭代器。
- nbytes：数组中所有元素的字节数。

【例 2-2】构建一个多维数组，并查看其常用属性。根据题目要求，编写程序如下：

```python
import numpy as np
# 构建多维的数组
pylist1 = [1, 2, 3]
pylist2 = [4, 5, 6]
marray = np.array([pylist1, pylist2])
print("构建多维的数组：\n", marray)
print("转置 T:\n", marray.T)
print("数组中元素个数 size:\n", marray.size)
print("数组中单个元素的字节数 itemsize:\n", marray.itemsize)
print("数组元素的数据类型对象 dtype:\n", marray.dtype)
print("数组的维度 ndim:\n", marray.ndim)
print("数组的形状 shape:\n", marray.shape)
print("指向存放数组数据的 Python buffer 对象 data:\n", marray.data)
print("数组的一维迭代器使用：\n")
for item in marray.flat:
    print(item)
print("数组中所有元素的字节数 nbytes:\n", marray.nbytes)
```

2. 快速创建数组

可以通过 np.arange(start,end,step) 函数来创建一维序列数组。np.arange(start,end,step) 函数类似 Python 原生的 range() 函数，通过指定起始值 start、终点值 end 和步长 step 来创

建表示等差数列的一维数组。注意该函数和 range() 函数一样，其结果中不包含终点值。

np.arange() 函数的参数有以下几种情况。

- 仅有 1 个参数时，该参数表示终点值，起始值取默认值 0，步长取默认值 1。
- 有 2 个参数时，第 1 个参数为起始值，第 2 个参数为终点值，步长取默认值 1。
- 有 3 个参数时，第 1 个参数为起始值，第 2 个参数为终点值，第 3 个参数为步长。

参考代码如下：

```
#1 个参数
a=np.arange(10)
#2 个参数
b=np.arange(0,10)
#3 个参数
c=np.arange(10,0,-1)
```

2.3 像素处理

图像是由一个个的小方块组成的，这些小方块都有一个明确的位置和被分配的色彩数值，小方块的颜色和位置决定了该图像所呈现出的样子，每个小方块称为一个像素。像素是整个图像中不可分割的单位或元素。像素处理是图像处理的基本操作，可以通过位置索引的形式对图像内的元素进行访问、处理。

1. 二值图像及灰度图像

因为在 OpenCV 中，最小的数据类型是无符号的 8 位数。所以，在 OpenCV 中没有办法处理二值图像这种数据类型。在 OpenCV 的二值图像中，用 0 表示黑色，用 255 表示白色。可以将二值图像视为一种特殊的灰度图像，此处仅以灰度图像为例讨论像素的读取和修改。

通过前面的分析可知，可以将图像理解为一个矩阵，在面向 Python 的 OpenCV 中，图像就是 NumPy 库中的数组。一幅 OpenCV 灰度图像是一个二维数组，可以使用表达式访问其中的像素。例如，可以使用 image[0,0] 访问图像 image 第 0 行第 0 列位置上的像素。第 0 行第 0 列位于图像的左上角，其中第 1 个索引表示第 0 行，第 2 个索引表示第 0 列。

为了方便理解，首先使用 NumPy 库来生成一个 8×8 大小的数组，用来模拟一幅黑色图像，并对其进行简单处理。

【例 2-3】使用 NumPy 库生成一个元素值都是 0 的二维数组，用来模拟一幅黑色图像，并对其进行访问、修改。

分析：使用 NumPy 库中的 zeros() 函数可以生成一个元素值都是 0 的数组，并可以直接使用数组的索引对其进行访问、修改。根据题目要求，编写程序如下：

```
import cv2
import numpy as np
img = np.zeros((512, 512), dtype=np.uint8)
cv2.imshow("original", img)
for i in range(512):
    img[256, i] = 255
cv2.imshow("modified", img)
cv2.waitKey()
cv2.destroyAllWindows()
```

代码分析如下所示。
- 使用函数 zeros() 生成了一个 8×8 的二维数组，其中所有的值都是 0，数值类型是 np.uint8。根据该数组的属性，可以将其看成一幅黑色图像。
- 语句 img[256,i] 访问的是图像 img 第 256 行第 i 列的像素，需要注意的是，行序号、列序号都是从 0 开始的。
- 语句 img[256,i]=255 将图像 img 中第 256 行第 i 列的像素的像素值设置为"255"。
- 运行上述程序，会出现名为 original 和 modified 的两个非常小的窗口，其中：original 窗口是一幅纯黑色的图像；modified 窗口在中间形成一条白线（对应修改后的值为 255），其他地方也都是纯黑色的图像。

运行结果如图 2-5 所示。

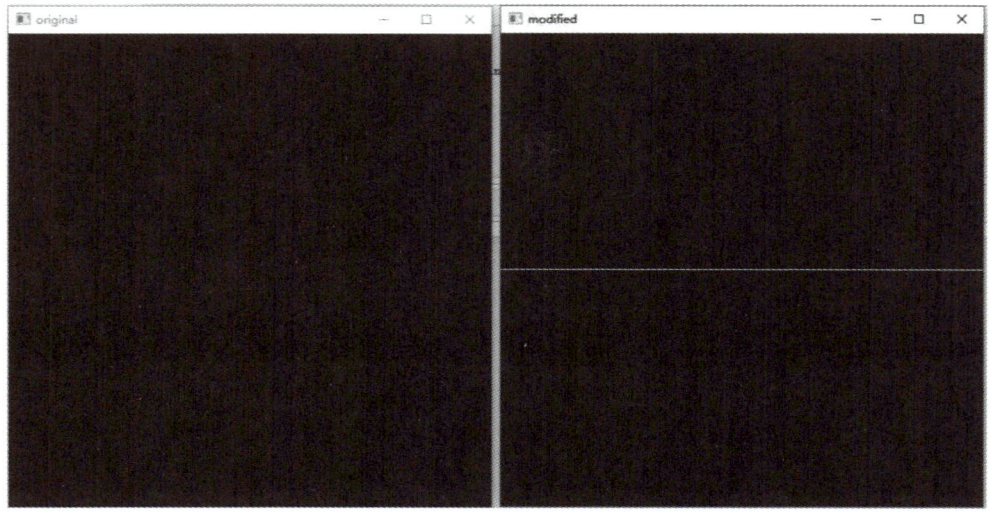

图 2-5 例 2-3 程序运行结果

【例 2-4】读取一幅灰度图像，并对其像素进行访问、修改。根据题目要求，编写程序如下：

```
import cv2
img = cv2.imread("lena.bmp", 0)
cv2.imshow("original", img)
for i in range(40, 200):
    for j in range(160, 200):
        img[i, j] = 255
cv2.imshow("modified", img)
cv2.waitKey()
cv2.destroyAllWindows()
```

在本例中，使用了一个嵌套循环语句，将图像img中"第40行到200行"与"第160列到200列"交叉区域内的像素值设置为255。从图像img上来看，该交叉区域被设置为白色。运行结果如图2-6所示。

图2-6　例2-4程序运行结果

2. 彩色图像

RGB模式的彩色图像在被读入OpenCV内进行处理时，会按照行方向依次读取该RGB图像的B通道、G通道、R通道的像素，并将像素以行为单位存储在ndarray数组中。例如，有一幅大小为R行C列的原始RGB图像，其在OpenCV内以BGR模式的三维数组形式存储，可以使用表达式访问数组内的值。例如，可以使用image[0,0,0]语句访问图像image的B通道内的第0行第0列上的像素：第1个索引表示第0行；第2个索引表示第0列；第3个索引表示第0个色彩通道。

为了方便理解，首先使用NumPy来生成一个2×4×3的数组，用它模拟一幅彩色图像，并对其进行简单处理。

【例2-5】使用NumPy生成三维数组，用来观察3个通道值的变化情况。

根据题目要求，编写程序如下：

```
import cv2
import numpy as np
#——————————蓝色通道值——
blue = np.zeros((300,300,3), dtype=np.uint8)
blue[:, :, 0] = 255
print("blue=\n", blue)
cv2.imshow ("blue", blue)
#——————————绿色通道值—
green = np.zeros((300, 300, 3), dtype=np.uint8)
green[:, :, 1] = 255
print("green=\n", green)
cv2.imshow("green", green)
#——————————红色通道值——
red = np.zeros((300, 300, 3), dtype=np.uint8)
red[:, :, 2] = 255
print("red=\n", red)
cv2.imshow("red", red)
#——————————释放窗口—
cv2.waitKey()
cv2.destroyAllWindows()
```

运行上述程序，会显示颜色为蓝色、绿色、红色的 3 幅图像，分别对应数组 blue、数组 green、数组 red。请读者运行程序后观察结果。

【例 2-6】使用 NumPy 生成一个三维数组，用来观察 3 个通道值的变化情况。根据题目要求，编写程序如下：

```
import numpy as np
import cv2
img = np.zeros((300, 300, 3), dtype=np.uint8)
# 图像左边设为蓝色
img[:, 0:100, 0] = 255
# 图像中间设为绿色
img[:, 100:200, 1] = 255
# 图像右边设为红色
img[:, 200:300, 2] = 255
print("img=\n", img)
cv2.imshow("img", img)
cv2.waitKey()
cv2.destroyAllWindows()
```

运行上述程序，会显示如图 2-7 所示的图像。

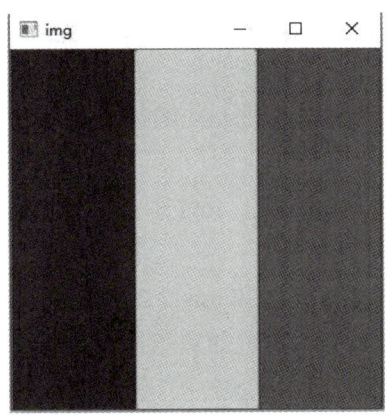

图 2-7 例 2-6 程序运行结果

【例 2-7】使用 NumPy 生成一个三维数组,用来模拟一幅 BGR 模式的彩色图像。

分析:使用 NumPy 中的 zeros() 函数可以生成一个元素值都是 0 的数组,可以直接使用数行访问、修改。

```
import numpy as np
img = np.zeros((2, 4, 3),dtype=np.uint8)
print("img=\n", img)
print("读取像素 img[0,3]=", img[0,3])
print("读取像素 img[1,2,2]=", img[1,2,2])
img[0, 3] = 255
img[0, 0] = [66, 77, 88]
img[1, 1, 1] = 3
img[1, 2, 2] = 4
img[0, 2, 0] = 5
print("修改后 img\n", img)
print("读取修改后像素 img[1,2,2]=", img[1, 2, 2])
```

本程序进行了如下操作。
- 第 2 行使用 zeros() 函数生成了一个 2×4×3 的数组,其对应一幅"2 行 4 列 3 个通道"的 BGR 图像。
- 第 3 行使用 print 语句显示(打印)当前图像(数组)的值。
- 第 4 行中的 img[0,3] 语句会访问第 0 行第 3 列位置上的 B 通道、G 通道、R 通道的 3 个像素。
- 第 5 行的 img[1,2,2] 语句会访问第 1 行第 2 列第 2 个通道(R 通道)位置上的像素。
- 第 6 行的 img[0,3]=255 语句会修改 img 图像中第 0 行第 3 列位置的像素值,该位置上的 B 通道、G 通道、R 通道位置的 3 个像素值都会被修改为 255。
- 第 7 行的 img[0,0]=[66,77,88] 语句会修改 img 图像中第 0 行第 0 列位置的 B 通道、G 通道、R 通道的 3 个像素值,将它们修改为 [66,77,88]。

- 第 8 行的 img[1,1,1]=3 语句会修改 img 图像中第 1 行第 1 列第 1 个通道（G 通道）位置的像素值，将其修改为 3。
- 第 9 行的 img[1,2,2]=4 语句会修改 img 图像中第 1 行第 2 列第 2 个通道（R 通道）位置的像素值，将其修改为 4。
- 第 10 行的 img[0,2,0]=5 语句会修改 img 图像中第 0 行第 2 列第 0 个通道（B 通道）位置的像素值，将其修改为 5。
- 最后两行使用 print 语句观察 img 和 img[1,2,2] 的值。

在本例中，为了方便说明问题，设置的数组比较小。在实际中可以定义稍大的数组，并使用 cv2.imshow() 函数将其显示出来，进一步观察处理结果，加深理解。

【例 2-8】读取一幅彩色图像，并对其像素进行访问、修改。

根据题目要求，编写程序如下：

```
import cv2
img = cv2.imread("lena.bmp")
cv2.imshow("before", img)
print("访问 img[0,0]=", img[0,0])
print("访问 img[0,0,0]=", img[0,0,0])
print("访问 img[0,0,1]=", img[0,0,1])
print("访问 img[0,0,2]=", img[0,0,2])
print("访问 img[50,0]=", img[50,0])
print("访问 img[100,0]=", img[100,0])
for i in range(0, 50):
    for j in range(0, 100):
        for k in range(0, 3):
            img[i, j, k] = 255 # 白色
for i in range(50, 100):
    for j in range(0, 100):
        img[i,j] = [128, 128, 128]# 灰色
for i in range(100, 150):
    for j in range(0, 100):
        img[i, j] = 0# 黑色
cv2.imshow("after", img)
print("修改后 img[0,0]=", img[0, 0])
print("修改后 img[0,0,0]=", img[0, 0, 0])
print("修改后 img[0,0,1]=", img[0, 0, 1])
print("修改后 img[0,0,2]=", img[0, 0, 2])
print("修改后 img[50,0]=", img[50, 0])
print("修改后 img[100,0]=", img[100, 0])
cv2.waitKey()
cv2.destroyAllWindows()
```

上述程序进行了如下操作。
- 第 2 行使用 imread() 函数读取当前目录下的一幅彩色 RGB 图像。
- 第 4 行的 img[0,0] 语句会访问 img 图像中第 0 行第 0 列位置上的 B 通道、G 通道、R 通道的 3 个像素。
- 第 5～7 行会分别访问 img 图像中第 0 行第 0 列位置上的 B 通道、G 通道、R 通道的 3 个像素。
- 第 8 行的 img[50,0] 语句会访问第 50 行第 0 列位置上的 B 通道、G 通道、R 通道的 3 个像素。
- 第 9 行的 img[100,0] 语句会访问第 100 行第 0 列位置上的 B 通道、G 通道、R 通道的 3 个像素。
- 第 10～13 行使用 3 个 for 语句的嵌套循环，对图像左上角区域（"第 0 行到第 49 行"与"第 0 列到第 99 列"的行列交叉区域，称为区域 1) 内的像素值进行设定。借助 img[i,j,k]=255 语句将该区域内的 3 个通道的像素值都设置为 255，让该区域变为白色。
- 第 14～16 行使用两个 for 语句的嵌套循环，9 对图像左上角位于区域 1 正下方的区域（"第 50 行到第 99 行"与"第 0 列到第 99 列"的行列交叉区域，称为区域 2）内的像素值进行设定。借助 img[i,j]=[128,128,128] 语句将该区域内的 3 个通道的像素值都设置为 128（灰色）。
- 17～19 行使用两个 for 语句的嵌套循环，对图像左上角位于区域 2 正下方的区域（"第 100 行到第 149 行"与"第 0 列到第 99 列"的行列交叉区域，称为区域 3) 内的像素值进行设定。借助 img[i,j]=0 语句将该区域内的 3 个通道的像素值都设置为 0，让该区域变为黑色。

运行程序，得到结果如图 2-8 所示，其中左图是读取的原始图像，右图是经过修改后的图像。

图 2-8　例 2-8 程序运行结果

屏幕输出结果如下：

```
访问 img[0,0]= [246 246 231]
访问 img[0,0,0]= 246
访问 img[0,0,1]= 246
访问 img[0,0,2]= 231
访问 img[50,0]= [254 246 228]
访问 img[100,0]= [255 244 230]
修改后 img[0,0]= [255 255 255]
修改后 img[0,0,0]= 255
修改后 img[0,0,1]= 255
修改后 img[0,0,2]= 255
修改后 img[50,0]= [128 128 128]
修改后 img[100,0]= [0 0 0]
```

2.4 使用 NumPy 访问像素

在 NumPy 中，numpy.array 提供了 item() 和 itemset() 函数（方法）来访问和修改像素值。利用 numpy.array 提供的函数比直接使用索引要快得多，可读性也更强。

1. 二值图像及灰度图像

前面已经提过，二值图像可以视为特殊的灰度图像，所以这里仅以灰度图像为对象进行讨论。

item() 函数能访问图像的像素，其语法格式为：

```
item(row,column)
```

其中，row 为行数索引，column 为列数索引。

itemset() 函数可以用来修改像素值，其语法格式为：

```
itemset((row,column),value)
```

其中，(row,column) 为像素索引，value 为新值。

【例 2-9】使用 NumPy 生成一个二维随机数组，用来模拟一幅灰度图像，并对其像素进行访问、修改。

根据题目要求，编写程序如下：

```
import numpy as np
img = np.random.randint(10, 99, size=[8, 8],dtype=np.uint8)
print("img=\n", img)
```

```
print(" 读取像素 img.item(4,4)=", img.item(3,2))
img.itemset((3, 2), 255)
print(" 修改后 img=\n", img)
print(" 修改后像素 img.item(4,4)=", img.item(3,2))
```

运行程序结果如下：

```
img=
 [[28 12 39 88 27 83 12 19]
 [35 59 53 26 54 52 77 32]
 [10 16 62 72 64 27 26 27]
 [53 62 71 80 10 91 77 88]
 [43 50 58 91 78 59 12 66]
 [96 58 30 35 68 61 63 26]
 [39 77 50 51 50 81 76 13]
 [46 22 10 94 66 31 54 47]]
读取像素 img.item(4,4)= 71
修改后 img=
 [[ 28  12  39  88  27  83  12  19]
 [ 35  59  53  26  54  52  77  32]
 [ 10  16  62  72  64  27  26  27]
 [ 53  62 255  80  10  91  77  88]
 [ 43  50  58  91  78  59  12  66]
 [ 96  58  30  35  68  61  63  26]
 [ 39  77  50  51  50  81  76  13]
 [ 46  22  10  94  66  31  54  47]]
修改后像素 img.item(4,4)= 255
```

观察输出结果可以发现，语句 img.itemset((3,2),255) 将 img 图像第 4 行第 3 列位置的像素值从 71 修改为 255。

【例 2-10】生成一幅 256 像素×256 像素的灰度图像，让其中的像素值均为随机数，并显示图像。根据题目要求，编写程序如下：

```
import numpy as np
import cv2
img = np.random.randint(0, 256, size=[256, 256], dtype=np.uint8)
cv2.imshow("image", img)
cv2.waitKey()
cv2.destroyAllWindows()
```

运行上述程序，可以生成一幅 256 像素 ×256 像素的灰度图像，如图 2-9 所示。

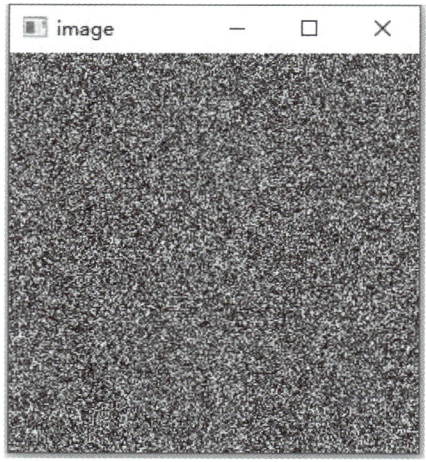

图 2-9 例 2-10 程序运行结果

2. 彩色图像

同样，也可以使用 item() 函数和 itemset() 函数来访问和修改彩色图像的像素。item() 函数访问 RGB 模式图像的像素时，其语法格式为：

```
item(row,column,channel)
```

其中，row 为行数索引，column 为列数索引。

利用 itemset() 函数修改（设置）RGB 图像的像素值时，其语法格式为：

```
itemset((row,column,channel),value)
```

其中，(row,column,channel) 为三元组索引，value 为新设定的像素值。

需要注意的是，针对 RGB 图像的访问，必须同时指定行、列及行列索引（通道）。

【例 2-11】读取一幅彩色图像，并对其像素进行访问、修改。

根据题目要求，编写程序如下：

```
import cv2
import numpy as np
img = cv2.imread("lena.bmp")
cv2.imshow("original", img)
print(" 访问 img.item(0,0,0)=", img.item(0, 0, 0))
print(" 访问 img.item(0,0,1)=", img.item(0, 0, 1))
print(" 访问 img.item(0,0,2)=", img.item(0, 0, 2))
for i in range(0, 50):
    for j in range(0, 100):
        for k in range(0, 3):
```

```
            img.itemset((i, j, k), 255)# 白色
print(" 修改后 img.item(0,0,0)=", img.item(0, 0, 0))
print(" 修改后 img.item(0,0,1)=", img.item(0, 0, 1))
print(" 修改后 img.item(0,0,2)=", img.item(0, 0, 2))
cv2.imshow("modified", img)
cv2.waitKey()
cv2.destroyAllWindows()
```

屏幕输出结果如下：

```
访问 img.item(0,0,0)= 246
访问 img.item(0,0,1)= 246
访问 img.item(0,0,2)= 231
修改后 img.item(0,0,0)= 255
修改后 img.item(0,0,1)= 255
修改后 img.item(0,0,2)= 255
```

运行上述程序，得到结果如图 2-10 所示。

图 2-10　例 2-11 程序运行结果

 思考与练习

1. 简述二值图像、灰度图像和彩色图像的区别。
2. 16 位深度的彩色图像可以表示多少种颜色？如果有一幅 256 像素×256 像素的 16 位深度的彩色图像，其数据大小是多少字节？
3. 编写一段程序，要求读取一幅灰度图像，并对其像素进行访问、修改。
4. 编写一段程序，生成一幅彩色图像，让其中的像素值均为随机数。

第 3 章　图像运算

扫一扫
看微课

针对图像的加减运算、位运算都是比较基础的运算。本章介绍图像的加减运算、位运算，以及使用它们实现图像加密、解密的实例。

3.1　图像加减运算

在图像处理过程中，经常需要对图像进行加减运算。图像的加法运算可以通过加号运算符"+"或使用cv2.add()函数实现。通常情况下，在灰度图像中，一个像素值用8位（1字节）来表示，因此像素值的范围是[0,255]。两个像素值在进行加法运算时，求得的和很可能超过255。上述两种不同的加法运算方式，对超过255的数值的处理方式是不一样的：对超过255的数值，直接使用加号运算符"+"时，NumPy会进行取模处理；而使用OpenCV中的cv2.add()函数时，对超过255的数值按照255进行处理。cv2.add()函数的语法格式如下：

```
cv2.add(src1, src2, dst=None, mask=None, dtype=None)
```

其中：
- src1 表示图像矩阵1。
- src2 表示图像矩阵2。
- dst 表示默认选项。
- mask 表示图像掩模。
- dtype 表示默认选项。

【例3-1】分别使用加号运算符"+"和cv2.add()函数计算两幅灰度图像的像素值之和，观察结果有何不同。

根据题目要求，编写程序如下：

```
import cv2
import numpy as np
```

```
        b = np.ones(a.shape, dtype="uint8") * 100
        result1 = a + b
        result2 = cv2.add(a, b)
        cv2.imshow("original", a)
        cv2.imshow("result1", result1)
        cv2.imshow("result2", result2)
        cv2.waitKey()
        cv2.destroyAllWindows()
        a = cv2.imread("lena.bmp", 0)
```

运行程序，得到如图 3-1 所示的结果。其中，左图是原始图像 lena，中间的图是使用加号运算符"+"加 100 的结果，右图是使用 cv2.add() 函数将图像加 100 的结果。使用加号运算符计算图像像素值的和时，将和大于 255 的值进行了取模处理，取模后大于 255 的这部分值变得更小了，导致本来应该更亮的像素变得更暗了。而使用 cv2.add() 函数计算图像像素值的和时，将和大于 255 的值处理为饱和值 255。图像像素值相加后图像的像素值增大了，图像整体变亮。

图 3-1　例 3-1 程序运行结果

同样，可以通过减号运算符"-"对图像进行减法运算，也可以通过 cv2.subtract() 函数对图像进行减法运算。同样，两个像素值在进行减法运算时，差值可能小于 0。上述两种不同的减法运算方式，对小于 0 的数值的处理方式是不一样的：使用减号运算符"-"时，对小于 0 的数值会进行取模处理；而 cv2.subtract() 函数对小于 0 的数值按照 0 处理。

cv2.subtract() 函数的语法格式如下：

```
        cv2.subtract(src1, src2, dst=None, mask=None, dtype=None)
```

其中：
- src1 表示图像矩阵 1。

- src2 表示图像矩阵 2。
- dst 表示默认选项。
- mask 表示图像掩模。
- dtype 表示默认选项。

【例 3-2】分别使用减号运算符 "-" 和 cv2.subtract() 函数计算两幅灰度图像的像素值之差,观察结果有何不同。

根据题目要求,编写程序如下:

```
import numpy as np
import cv2
a = cv2.imread("lena.bmp", 0)
b = np.ones(a.shape, dtype="uint8") * 100
result1 = a - b
result2 = cv2.subtract(a, b)
cv2.imshow("original", a)
cv2.imshow("result1", result1)
cv2.imshow("result2", result2)
cv2.waitKey()
cv2.destroyAllWindows()
```

运行程序,得到如图 3-2 所示的结果。其中,左图是原始图像 lena,中间的图是使用减号运算符 "-" 将图像 lena 减去 100 的结果,右图是使用 cv2.subtract() 函数将图像减去 100 的结果。使用减号运算符计算图像像素值的差时,将和小于 0 的值进行了取模处理,取模后小于 0 的这部分值变得更大了,导致本来应该更暗的像素变得更亮了。使用 cv2.subtract() 函数计算图像像素值的差时,将差值小于 0 的值处理为 0。图像像素值相减后图像的像素值变小了,图像整体变暗。

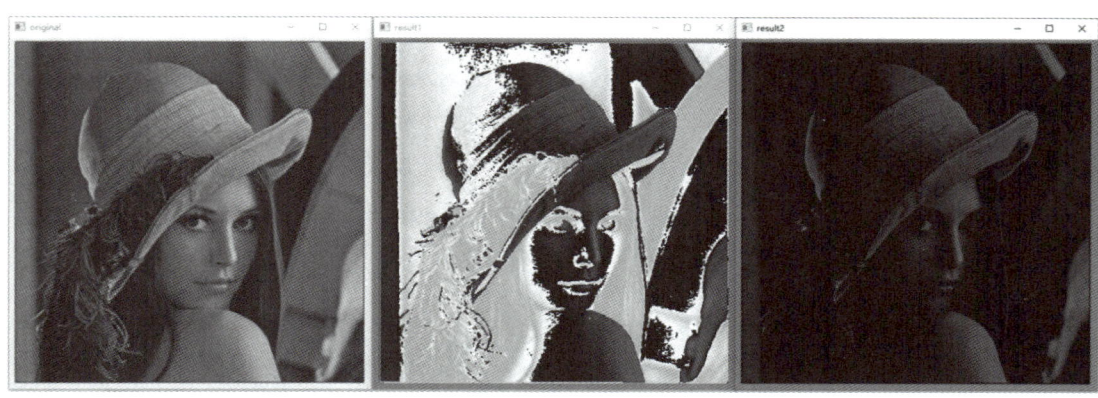

图 3-2 例 3-2 程序运行结果

3.2 图像混合

所谓图像混合，也是一种图片相加的操作，只不过两幅图片的权重（系数）不一样。就是在计算两幅图像的像素值之和时，将每幅图像的权重考虑进来。OpenCV 中提供了 cv2.addWeighted() 函数来实现图像的混合，该函数的语法格式为：

```
dst=cv2.addWeighted(src1,alpha,src2,beta,gamma)
```

图像进行加权和计算时，要求 src1 和 src2 必须大小、类型相同，但是对具体是什么类型和通道没有特殊限制。它们可以是任意数据类型，也可以有任意数量的通道（灰度图像或彩色图像），只要二者相同即可。参数 alpha 和 beta 是 src1 和 src2 所对应的系数，它们的和可以等于 1，也可以不等于 1。需要注意，式中 gamma 相当于一个修正值，它的值可以是 0，但是该参数是必选参数，不能省略。

【例 3-3】使用 cv2.addWeighted() 函数对两幅图像进行加权和计算，观察处理结果。根据题目要求，编写程序如下：

```
import cv2
a = cv2.imread("sky.bmp", 0)
b = cv2.imread("lena.bmp", 0)
result = cv2.addWeighted(a, 0.6, b, 0.4, 0)
cv2.imshow("sky", a)
cv2.imshow("lena", b)
cv2.imshow("result", result)
cv2.waitKey()
cv2.destroyAllWindows()
```

以上程序运行结果如图 3-3 所示。可以观察到，加权和计算后的图像把两幅图像融合叠加在一起。

图 3-3　例 3-3 程序运行结果

3.3 图像按位逻辑运算

逻辑运算是一种非常重要的运算方式，在图像处理过程中也经常会用到，本节介绍 OpenCV 中的按位逻辑运算，简称位运算，常见的位运算函数如下：

```
cv2.bitwise_and()：按位与
cv2.bitwise_or()：按位或
cv2.bitwise_not()：按位取反
cv2.bitwise_xor()：按位异或
```

3.3.1 按位与运算

在按位与运算中，当参与按位与运算的两个逻辑值都是真值时，结果才为真。在 OpenCV 中，可以使用 cv2.bitwise_and() 函数来实现按位与运算，其语法格式为：

```
dst=cv2.bitwise_and( src1,src2[,mask])
```

其中：
- dst 表示与输入值具有同样大小的输出数组。
- src1 表示第一幅图片。
- src2 表示第二幅图片。
- mask 表示图像掩模，可选项。

【例 3-4】对一幅圆形图像和一幅方形图像进行按位与运算，观察处理结果。根据题目要求，编写程序如下：

```
import numpy as np
import cv2
rectangle = np.zeros((300,300),dtype="uint8")
cv2.rectangle(rectangle,(25,25),(275,275),255,-1)
circle = np.zeros((300,300),dtype="uint8")
cv2.circle(circle,(150,150),150,255,-1)
bitwiseAnd = cv2.bitwise_and(rectangle,circle)
cv2.imshow("rectangle",rectangle)
cv2.imshow("circle",circle)
cv2.imshow("bitwiseAnd",bitwiseAnd)
cv2.waitKey()
cv2.destroyAllWindows()
```

以上程序运行结果如图 3-4 所示。

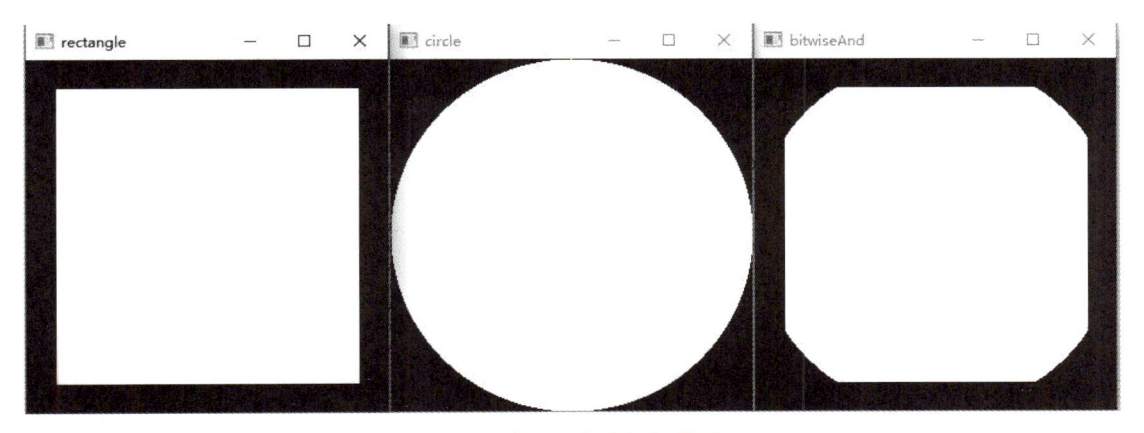

图 3-4　例 3-4 程序运行结果

3.3.2　按位或运算

按位或运算的规则是，当参与按位或运算的两个逻辑值中有一个为真值时，结果就为真。在 OpenCV 中，可以使用 cv2.bitwise_or() 函数来实现按位或运算，其语法格式为：

```
dst=cv2.bitwise_or( src1,src2[,mask])
```

其中：
- dst 表示与输入值具有同样大小的输出数组。
- src1 表示第一幅图片。
- src2 表示第二幅图片。
- mask 表示图像掩模，可选项。

【例 3-5】对一幅圆形图像和一幅方形图像进行按位或运算，观察处理结果。

根据题目要求，编写程序如下：

```
import numpy as np
import cv2
rectangle = np.zeros((300,300),dtype="uint8")
cv2.rectangle(rectangle, (25, 25), (275, 275), 255, -1)
circle = np.zeros((300, 300),dtype="uint8")
cv2.circle(circle, (150, 150), 150, 255, -1)
bitwiseOr = cv2.bitwise_or(rectangle, circle)
cv2.imshow("rectangle", rectangle)
cv2.imshow("circle", circle)
cv2.imshow("bitwiseOr", bitwiseOr)
cv2.waitKey()
cv2.destroyAllWindows()
```

以上程序运行结果如图 3-5 所示。

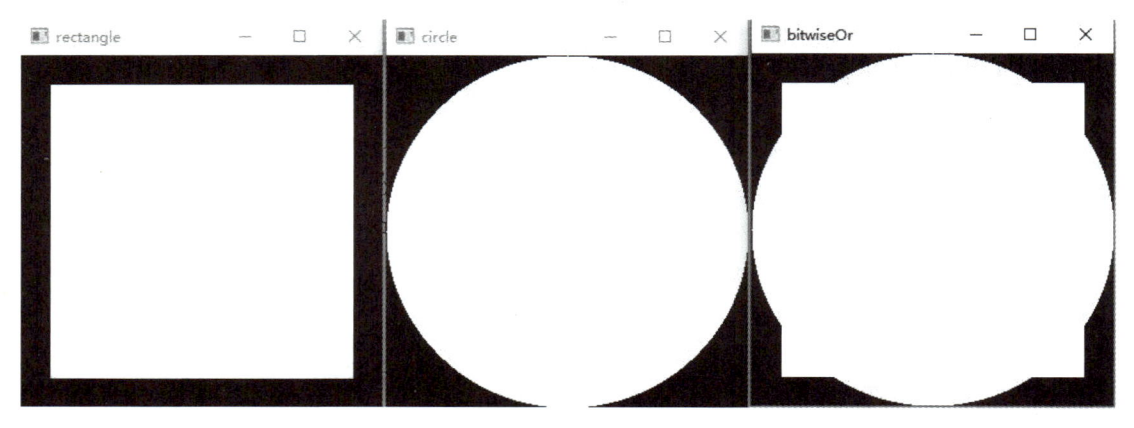

图 3-5　例 3-5 程序运行结果

3.3.3　按位非（取反）运算

按位非运算是取反操作，满足如下逻辑：
- 当运算数为真值时，结果为假；
- 当运算数为假值时，结果为真。

在 OpenCV 中，可以使用 cv2.bitwise_not() 函数来实现按位非操作，其语法格式为：

```
dst=cv2.bitwise_not(src[,mask])
```

其中：
- dst 表示与输入值具有同样大小的输出数组。
- src 表示原图片。
- mask 表示图像掩模，可选项。

【例 3-6】对一幅圆形图像进行按位非运算，观察处理结果。

根据题目要求，编写程序如下：

```python
import numpy as np
import cv2
circle = np.zeros((300, 300), dtype="uint8")
cv2.circle(circle, (150, 150), 150, 255, -1)
bitwiseNot = cv2.bitwise_not(circle)
cv2.imshow("circle", circle)
cv2.imshow("bitwiseNot", bitwiseNot)
cv2.waitKey()
cv2.destroyAllWindows()
```

以上程序运行结果如图 3-6 所示。

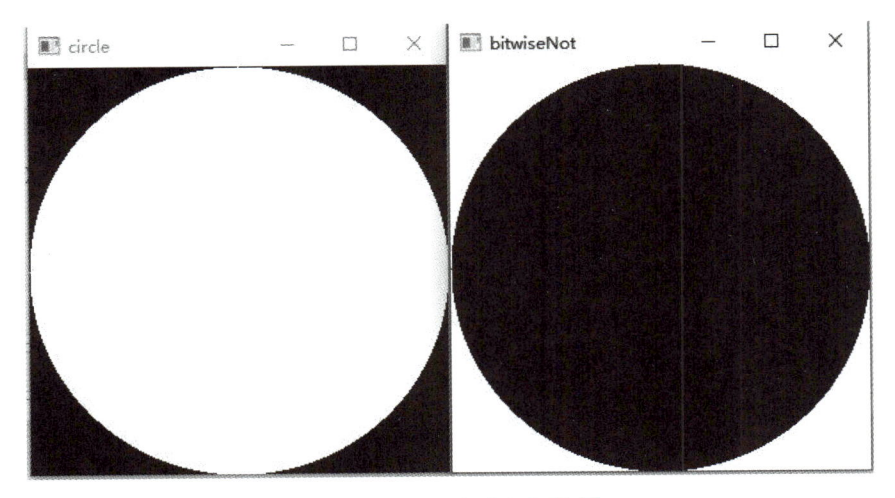

图 3-6 例 3-6 程序运行结果

3.3.4 按位异或运算

按位异或运算也叫半加运算，其运算法则与不带进位的二进制加法类似，其英文为 "exclusive OR"，因此其函数通常表示为 xor。其规则如下：1^0=1，1^1=0，0^1=1，0^0=0。在 OpenCV 中，可以使用 cv2.bitwise_xor() 函数来实现按位异或运算，其语法格式为：

```
dst=cv2.bitwise_xor(src1,src2[,mask])
```

其中：
- dst 表示与输入值具有同样大小的输出数组。
- src1 表示第一幅图片。
- src2 表示第二幅图片。
- mask 表示图像掩模，可选项。

【例 3-7】对一幅圆形图像和一幅方形图像进行按位异或运算，观察处理结果。

根据题目要求，编写程序如下：

```python
import numpy as np
import cv2
rectangle = np.zeros((300, 300),dtype="uint8")
cv2.rectangle(rectangle, (25, 25), (275, 275), 255, -1)
circle = np.zeros((300, 300), dtype="uint8")
cv2.circle(circle, (150, 150), 150, 255, -1)
bitwiseXor = cv2.bitwise_xor(rectangle, circle)
cv2.imshow("rectangle", rectangle)
cv2.imshow("circle", circle)
cv2.imshow("bitwiseXor", bitwiseXor)
```

```
cv2.waitKey()
cv2.destroyAllWindows()
```

以上程序运行结果如图 3-7 所示。

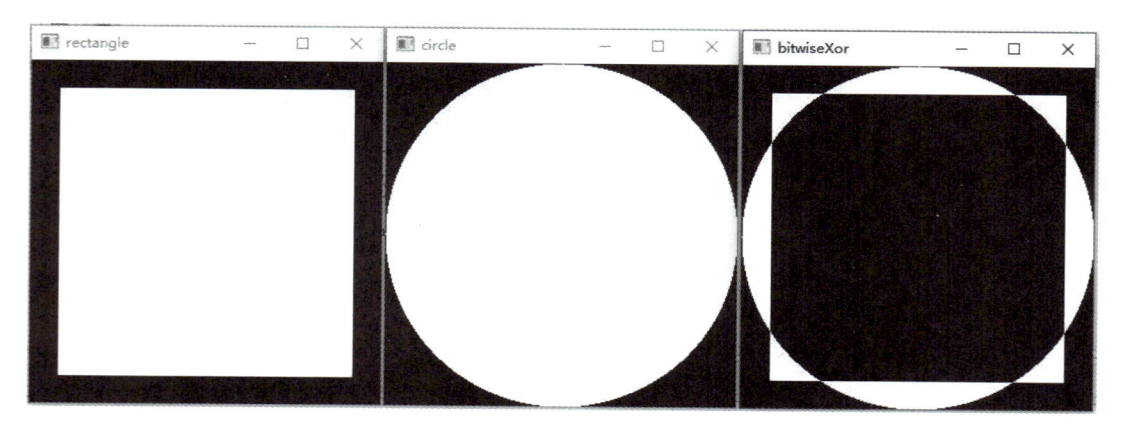

图 3-7　例 3-7 程序运行结果

3.4　掩模

OpenCV 中的很多函数都会指定一个掩模（掩膜），掩模借鉴了 PCB 制版的过程。在半导体制造中，许多芯片工艺步骤采用光刻技术，这些步骤的图形"底片"称为掩模，其作用是：在硅片上选定的区域中对一个不透明的图形模板进行遮盖，继而下面的腐蚀或扩散将只影响选定区域以外的区域。

图像掩模与其类似，是指用选定的图像、图形或物体，对待处理的图像（全部或局部）进行遮挡来控制图像处理区域的处理过程。

在数字图像处理中，掩模为二维矩阵数组，有时也用多值图像，图像掩模主要用于以下方面。

- 提取感兴趣区域，用预先制作的感兴趣区域掩模与待处理图像相乘，得到感兴趣区域图像，感兴趣区域内像素值保持不变，而区域外像素值都为 0。
- 屏蔽作用，用掩模对图像上某些区域进行屏蔽，使其不参加处理或不参加处理参数的计算，或者仅对屏蔽区进行处理或统计。
- 结构特征提取，用相似性变量或图像匹配方法检测和提取图像中与掩模相似的结构特征。
- 特殊形状图像的制作。

【例 3-8】构造一个掩模图像，将该掩模图像作为按位与运算函数的掩模参数，实现保留图像的指定区域。

根据题目要求，编写程序如下：

```
import cv2
import numpy as np
img = cv2.imread("lena.bmp", 1)
dst = img
w, h, c = img.shape
mask = np.zeros((w, h), dtype=np.uint8)
mask[100:300, 200:400] = 255
mask[100:400, 100:300] = 255
dst = cv2.bitwise_and(img, img, mask=mask)
cv2.imshow("img", img)
cv2.imshow("mask", mask)
cv2.imshow("dst", dst)
cv2.waitKey()
cv2.destroyAllWindows()
```

以上程序运行结果如图 3-8 所示。

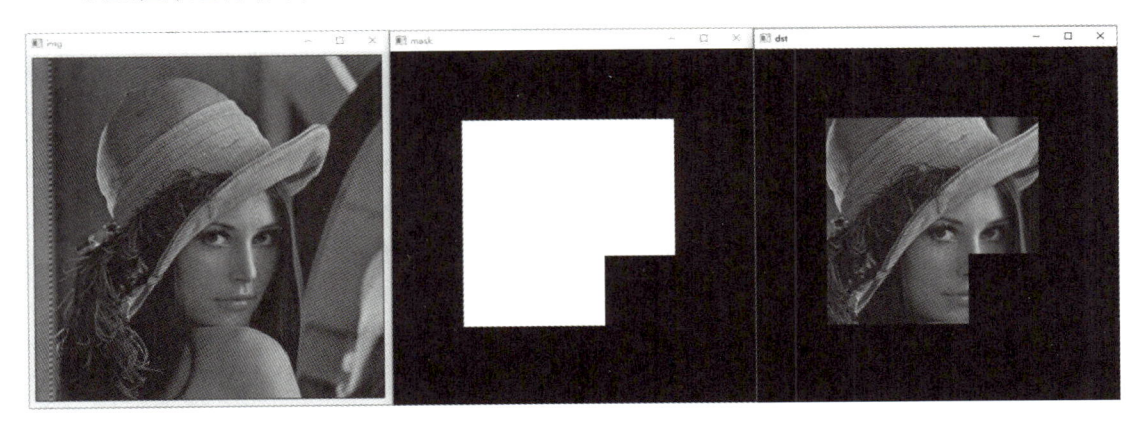

图 3-8　例 3-8 程序运行结果

所以，在上述操作中，让待处理的彩色图像与自身进行按位与运算，得到的仍是彩色图像本身。而使用掩模参数控制的是，在目标图像中，哪些区域的像素值是彩色图像的值、哪些区域的像素值是 0。在图 3-8 中，左图为原始图像，中间的图为掩模图像，右图为原始图像与掩模图像进行按位与运算之后的图像。

3.5　图像加密、解密

通过按位异或运算可以实现图像的加密和解密。通过对原始图像与密钥图像进行按位异或运算，可以实现加密；将加密后的图像与密钥图像再次进行按位异或运算，可以实现解密。在图像处理中，需要处理的像素值通常为灰度级，其范围通常为 [0,255]。例如，某个像素值为 216（明文），则可以使用 178（该数值由加密者自由选定）作为密钥对其进行加密，让这两个数的二进制值进行按位异或运算，即完成加密，得到一个密文 106。当需要解密时，将密文 106 与密钥 178 进行按位异或运算，即可得到原始像素值 216（明文）。具体过程如表 3-1 和表 3-2 所示。

表 3-1　加密过程

说　明	二进制数	十进制数
明文	11011000	216
密钥	10110010	178
密文	01101010	106

表 3-2　解密过程

说　明	二进制数	十进制数
明文	01101010	106
密钥	10110010	178
密文	11011000	216

上述说明过程中，为了方便理解和观察数据的运算，在进行位运算时，都是将十进制数转换为二进制数后，再进行位运算。实际上，在使用 OpenCV 编写程序时，不需要这样转换，OpenCV 中位运算函数的参数是十进制数，位运算函数会直接对十进制参数进行位运算。

【例 3-9】对图像进行按位异或运算，完成加密和解密的过程，并输出运算结果。

根据题目要求，编写程序如下：

```python
import cv2
import numpy as np
image = cv2.imread("lena.bmp", 0)
w, h = image.shape
key = np.random.randint(0, 256, size=[w, h], dtype=np.uint8)
encryption = cv2.bitwise_xor(image, key)
decryption = cv2.bitwise_xor(encryption, key)
cv2.imshow("image", image)
cv2.imshow("encryption", encryption)
cv2.imshow("decryption", decryption)
cv2.waitKey()
cv2.destroyAllWindows()
```

以上程序运行结果如图 3-9 所示。

第 3 章 图像运算

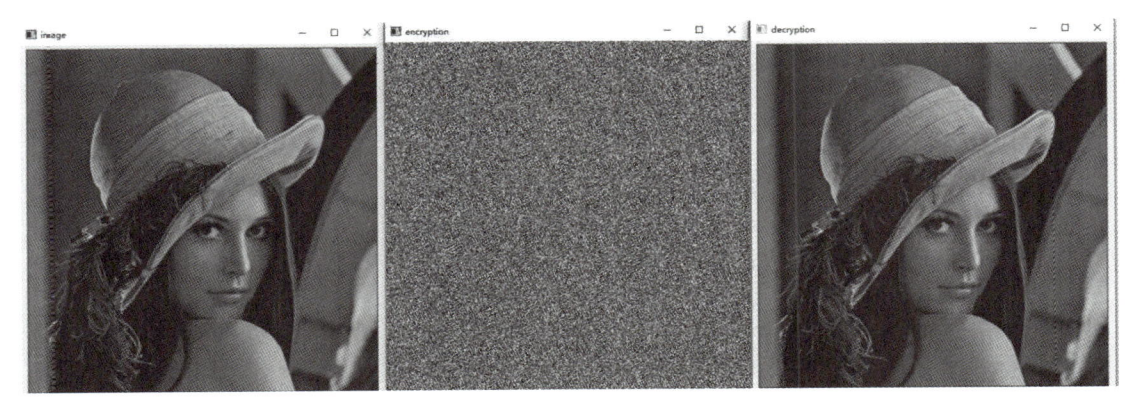

图 3-9 例 3-9 程序运行结果

思考与练习

1. 图像的位运算可以分为哪几类？
2. 编写程序，使用随机数数组模拟灰度图像，观察使用加号运算符"+"对像素值进行求和的结果。
3. 编写程序，使用 cv2.addWeighted() 函数将一幅图像的感兴趣区域（ROI）混合在另外一幅图像内。
4. 编写程序，构造一幅正方形掩模图像，将该掩模图像作为按位与运算函数的掩模参数，实现保留图像的指定部分。

第4章 色彩空间转换

色彩是人的眼睛对不同频率的光的不同感受，色彩既是客观存在的（不同频率的光），又是主观感知的，有认识差异。所以人类对色彩的认识经历了极为漫长的过程，直到现在才逐步完善起来，但至今，人类仍不能说对色彩完全了解并能准确表述，许多概念不是那么容易理解。"色彩空间"一词来源于英文的"Color Space"，又称作"色域"，在色彩学中，人们建立了多种色彩模型，以一维、二维、三维甚至四维空间坐标来表示某一种色彩，这种坐标系所能定义的色彩范围即色彩空间。

白光通过棱镜后被分解成多种颜色逐渐过渡的色谱，颜色依次为红、橙、黄、绿、青、蓝、紫，这就是可见光谱。其中，人眼对红、绿、蓝最为敏感，人的眼睛就像一个三色接收器的体系，大多数的颜色可以通过红、绿、蓝三色按照不同的比例合成产生。同样绝大多数单色光也可以分解成红、绿、蓝三种色光。这是色度学的最基本原理，即三基色原理。三种基色是相互独立的，任何一种基色都不能由其他两种颜色合成。红绿蓝（RGB）是三基色，这三种颜色合成的颜色范围最为广泛。红绿蓝三基色按照不同的比例相加合成混色称为相加混色。

RGB 图像是一种比较常见的色彩空间类型，除此以外还有一些其他的色彩空间，比较常见的包括 GRAY 色彩空间（灰度图像）、XYZ 色彩空间、YCrCb 色彩空间、HSV 色彩空间、HLS 色彩空间、CIEL*a*b* 色彩空间、CIEL*u*v* 色彩空间、Bayer 色彩空间等。为了更方便地处理某个具体问题，就要用到色彩空间转换。色彩空间转换是指，将图像从一个色彩空间转换到另外一个色彩空间。例如，在使用 OpenCV 处理图像时，可能会在 RGB 色彩空间和 HSV 色彩空间之间进行转换。

4.1 GRAY 色彩空间

GRAY（灰度图像）通常指8位灰度图，具有 256 个灰度级，像素值的范围是 [0,255]。当图像由 RGB 色彩空间转换为 GRAY 色彩空间时，其灰度级的计算公式如下：

$$I=0.299R+0.587G+0.114B$$

当图像由 GRAY 色彩空间转换为 RGB 色彩空间时，一般的处理方式是 RGB 通道的值都等于灰度级。

4.2 XYZ 色彩空间

XYZ 色彩空间是由 CIE（国际照明协会）定义的，是一种更便于计算的色彩空间，它可以与 RGB 色彩空间相互转换。将 RGB 色彩空间转换为 XYZ 色彩空间，其转换公式为：

$$X=0.412453R+0.357580G+0.180423B$$
$$Y=0.212671R+0.715160G+0.072169B$$
$$Z=0.019334R+0.119193G+0.950227B$$

将 XYZ 色彩空间转换为 RGB 色彩空间，其转换公式为：

$$R=3.240479X-1.537150Y-0.498535Z$$
$$G=-0.969256X+1.875991Y+0.041556Z$$
$$B=0.055648X-0.204043Y+1.057311Z$$

4.3 YCrCb 色彩空间

人眼视觉系统（Human Visual System，HVS）对颜色的敏感度要低于对亮度的敏感度。在传统的 RGB 色彩空间内，RGB 三原色具有相同的重要性，但是忽略了亮度信息。在 YCrCb 色彩空间中，Y 代表光源的亮度，色度信息保存在 Cr 和 Cb 中，其中，Cr 表示红色分量信息，Cb 表示蓝色分量信息。亮度给出了颜色亮或暗的程度信息，该信息可以通过照明中强度成分的加权和来计算。在 RGB 光源中，绿色分量的影响最大，蓝色分量的影响最小。对于 8 位图像，从 RGB 色彩空间到 YCrCb 色彩空间的转换公式为：

$$Y=0.299R+0.587G+0.114B$$
$$Cr=(R-Y)\times 0.713+128$$
$$Cb=(B-Y)\times 0.564+128$$

从 YCrCb 色彩空间到 RGB 色彩空间的转换公式为：

$$R=Y+1.403\times(Cr-128)$$
$$G=Y-0.714\times(Cr-128)-0.344\times(Cb-128)$$
$$B=Y+1.773\times(Cb-128)$$

4.4 HSV 色彩空间

RGB 色彩空间是从硬件的角度提出的颜色模型，在与人眼匹配的过程中可能存在一定的差异，HSV 色彩空间是一种面向视觉感知的颜色模型。HSV 色彩空间从心理学和视觉的角度出发，指出人眼的色彩知觉主要包含三要素：色调（Hue，也称为色相）、饱和度（Saturation）、亮度（Value），色调是指光的颜色，饱和度是指色彩的深浅程度，亮度是指人眼感受到的光的明暗程度。

在具体实现上，我们将物理空间的颜色分布在圆周上，不同的角度代表不同的颜色。因此，通过调整色调值就能选取不同的颜色，色调的取值区间为 [0,360]。饱和度为比例值，范围是 [0,1]，具体为所选颜色的纯度值与该颜色最大纯度值之间的比值。饱和度的值为 0 时，只有灰度。亮度表示色彩的明亮程度，取值范围也是 [0,1]，HSV 色彩空间模型如图 4-1 所示。

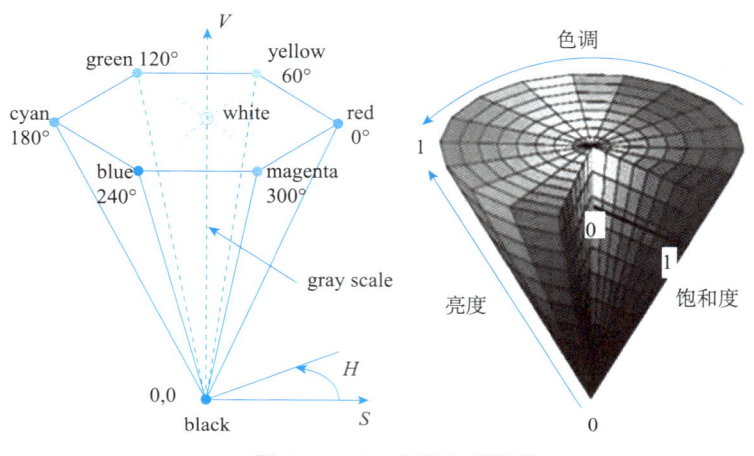

图 4-1　HSV 色彩空间模型

从 RGB 色彩空间转换到 HSV 色彩空间时，先将 RGB 色彩空间的值归一化到 [0,1] 之间，再进行计算。计算公式如下：

$$V = \max(R,G,B)$$

$$S = \begin{cases} \dfrac{V - \min(R,G,B)}{V}, & V \neq 0 \\ 0, & \text{其他} \end{cases}$$

$$H = \begin{cases} \dfrac{60(G-B)}{V-\min(R,G,B)}, & V=R \\ \dfrac{60(B-R)}{V-\min(R,G,B)} + 120, & V=G \\ \dfrac{60(R-G)}{V-\min(R,G,B)} + 240, & V=B \end{cases}$$

计算结果可能存在 H 小于 O 的情况，如果 H 小于 0，就调整为

$$H = H + 360$$

所有这些转换都被封装在 OpenCV 的 cv2.cvtColor() 函数内。通常情况下，不用考虑函数的内部实现细节，直接调用该函数来完成色彩空间转换即可。

在 OpenCV 中，提供了 cv2.cvtColor() 函数来实现色彩空间的变化，其语法格式如下：

```
dst=cv2.cvtColor(src, code [,dstCn])
```

其中：
- dst 表示输出图像，与原始输入图像具有同样的数据类型和深度。
- src 表示原始输入图像。
- code 是色彩空间转换码，常用的值有 cv2.COLOR_BGR2GRAY、cv2.COLOR_BGR2RGB、cv2.COLOR_GRAY2BGR 等。
- dstCn 是目标图像的通道数。若参数为默认的 0，则通道数自动通过 src 和 code 得到。

【例 4-1】将 BGR 模式的彩色图像转换为灰度图像。

根据题目要求，编写程序如下：

```
import cv2
lena = cv2.imread("lena.bmp")
gray = cv2.cvtColor(lena, cv2.COLOR_BGR2GRAY)
# ==========打印 shape=
print("lena.shape=", lena.shape)
print("gray.shape=", gray.shape)
# ==========显示效果=
cv2.imshow("lena", lena)
cv2.imshow("gray", gray)
cv2.waitKey()
cv2.destroyAllWindows()
```

运行该程序，会显示图像的 shape 属性为：

```
lena.shape= (512, 512, 3)
gray.shape= (512, 512)
```

可以看到图像在转换前后的色彩空间变化情况，由三通道的彩色图像变成了单通道的灰度图像。程序运行结果如图 4-2 所示。

图 4-2　例 4-1 程序运行结果

注意：由于本书是双色印刷，无法观察图片的彩色效果，请大家在 Python 内运行上述程序，观察实际效果。

4.5 标记指定颜色

在 HSV 色彩空间中，H 通道对应不同的颜色。所以，通过对 H 通道值进行筛选，能够指定特定的颜色。例如，通过分析，可以估算出肤色在 HSV 色彩空间内的范围值。在 HSV 空间内筛选出肤色范围内的值，将图像内包含肤色的部分提取出来。

这里将肤色范围划定为：
- 色调值在 [5,170] 之间；
- 饱和度值在 [25,166] 之间。

【例 4-2】提取一幅人脸图像内的肤色部分。

根据题目要求，编写程序如下：

```
import cv2
img = cv2.imread("face.jpg")
hsv = cv2.cvtColor(img, cv2.COLOR_BGR2HSV)
h, s, v = cv2.split(hsv)
minHue = 5
maxHue = 170
hueMask = cv2.inRange(h, minHue, maxHue)
minSat = 25
maxSat = 166
satMask = cv2.inRange(s, minSat, maxSat)
mask = hueMask & satMask
roi = cv2.bitwise_and(img, img, mask=mask)
cv2.imshow("img", img)
cv2.imshow("ROI", roi)
cv2.waitKey()
cv2.destroyAllWindows()
```

运行程序，得到结果如图 4-3 所示，程序实现了将人的图像从背景内分离出来。其中：
- 左侧是原始图像，图像背景是白色的；
- 右侧是提取结果，提取后的图像仅保留了人像肤色（包含部分头发）部分，背景为黑色。

图 4-3　例 4-2 程序运行结果

思考与练习

1. 什么是三基色原理?
2. 在 RGB 色彩空间中,每个 RGB 分量图像是一幅 8 位图像,共有多少种色彩级?
3. 编写程序,将图像在 BGR 色彩空间和 RGB 色彩空间之间相互转换。
4. 编写程序,调整 HSV 色彩空间内 V 通道的值,观察其处理结果。

第 5 章　图像几何变换

图像几何变换是指将一幅图像映射到另外一幅图像内的操作，它是图像处理和图像分析的重要内容之一。通过图像几何变换，可以使原始图像产生大小、形状、位置等方面的变化。OpenCV 提供了多个与映射有关的函数，这些函数使用起来方便灵活，能够高效地完成图像的映射。本章主要介绍缩放、翻转、仿射变换、透视等图像几何变换方式。

5.1　缩放

在 OpenCV 中，可以使用 cv2.resize() 函数实现对图像的缩放，该函数的具体形式为：

```
dst=cv2.resize( src, dsize[, fx[, fy[, interpolation]]])
```

其中：
- dst 代表输出的目标图像，该图像的类型与 src 相同，其大小为 dsize（当该值非 0 时），或者可以通过 src.size()、fx、fy 计算得到。
- src 代表需要缩放的原始图像。
- dsize 代表输出图像大小。
- fx 代表水平方向的缩放比例。
- fy 代表垂直方向的缩放比例。
- interpolation 代表插值方法，常见的插值方法如表 5-1 所示。

表 5-1　常见的插值方法

插值方法	含　　义
INTER_NEAREST	最近邻插值
INTER_LINEAR	双线性插值（默认设置）
INTER_AREA	使用像素区域关系进行重采样
INTER_CUBIC	4 像素 ×4 像素邻域的双立方插值
INTER_LANCZOS4	8 像素 ×8 像素邻域的 Lanczos 插值

插值是指在对图像进行几何变换时，给无法直接通过映射得到值的像素点赋值。例如，将图像放大为两倍，就会多出一些无法被直接映射得到值的像素点，对于这些像素点，插值方式决定了如何确定它们的值。另外，还会存在一些非整数的映射值。例如，将图像缩小时，可能会把原图像中的像素点的值映射到目标图像中的非整数值对应的位置上，当然目标图像内是不可能存在这样的非整数值的位置的，此时也要对这些像素点进行插值处理，以完成映射。

当缩小图像时，使用区域插值方式（INTER_AREA）能够得到最好的效果；当放大图像时，使用双立方插值（INTER_CUBIC）方式和双线性插值（INTER_LINEAR）方式都能够取得较好的效果。因为双线性插值方式速度相对较快且效果不错，被设置为默认的差值方式。

【例 5-1】编写程序，使用 cv2.resize() 函数完成一个简单的图像缩放。

根据题目要求，编写程序如下：

```python
import cv2
img = cv2.imread("lena.bmp")
rows, cols = img.shape[:2]
size = (int(cols * 0.8), int(rows * 0.4))
dst = cv2.resize(img, size)
print("img.shape=", img.shape)
print("dst.shape=", dst.shape)
cv2.imshow("img", img)
cv2.imshow("dst", dst)
cv2.waitKey()
cv2.destroyAllWindows()
```

运行程序，输出结果如下：

```
img.shape= (512, 512, 3)
dst.shape= (204, 409, 3)
```

通过以上例题我们发现：cv2.resize() 函数内 dsize 参数与图像 shape 属性在行、列上的顺序是不一致的，在 shape 属性中，第 1 个值对应的是行数，第 2 个值对应的是列数；而在 dsize 参数中，第 1 个值对应的是列数，第 2 个值对应的是行数，这点大家一定要注意。图像缩放结果如图 5-1 所示。列数变为原来的 0.8

图 5-1 图像缩放结果

倍，计算得到 512×0.8=409.6，取整得到 409（非四舍五入）。行数变为原来的 0.4 倍，计算得到 512×0.4=204.8，取整得到 204（非四舍五入）。

5.2 翻转

在 OpenCV 中，图像的翻转采用 cv2.flip() 函数实现，该函数能够实现图像在水平方向翻转、垂直方向翻转、两个方向同时翻转的操作，其语法格式为：

```
dst=cv2.flip(src, flipCode)
```

其中：
- dst 代表与原始图像具有同样大小、类型的目标图像。
- src 代表要处理的原始图像。
- flipCode 代表旋转类型。该参数的参数值及含义如表 5-2 所示。

表 5-2 参数含义

参数值	含　义
0	围绕 x 轴（水平轴）翻转
正数	围绕 y 轴（垂直轴）翻转
负数	围绕 x 和 y 轴同时翻转

【例 5-2】编写程序，使用 cv2.flip() 函数完成图像的翻转。

根据题目要求，编写程序如下：

```
import cv2
img = cv2.imread("lena.bmp")
x = cv2.flip(img, 0)
y = cv2.flip(img, 1)
xy = cv2.flip(img, -1)
cv2.imshow("img", img)
cv2.imshow("x", x)
cv2.imshow("y", y)
cv2.imshow("xy", xy)
cv2.waitKey()
cv2.destroyAllWindows()
```

运行程序，出现如图 5-2 所示的运行结果。

图 5-2 图像翻转运行结果

5.3 仿射变换

仿射变换是指图像可以通过一系列的几何变换来实现平移、旋转等多种操作。该变换能够保持图像的平直性和平行性。平直性是指图像经过仿射变换后，直线仍然是直线；平行性是指图像在完成仿射变换后，平行线仍然是平行线。在 OpenCV 中，通过仿射变换函数 cv2.warpAffine()，可实现旋转、平移、缩放，变换后的平行线依旧平行。该函数的语法格式如下：

```
dst=cv2.warpAffine( src,M,dsize)
```

其中：
- dst 代表仿射后的输出图像，该图像的类型和原始图像的类型相同。
- src 代表要仿射的原始图像。
- M 代表一个 2×3 的变换矩阵。使用不同的变换矩阵，就可以实现不同的仿射变换。
- dsize 代表输出图像的尺寸大小。

该函数通过转换矩阵 M 将原始图像 src 转换为目标图像 dst：

$$dst(x,y)=src(M_{11}x+M_{12}y+M_{13}, M_{21}x+M_{22}y+M_{23})$$

进行何种形式的仿射变换完全取决于转换矩阵 M。下面分别介绍通过不同的转换矩阵 M 实现的不同的仿射变换。

5.3.1 平移

通过转换矩阵 M 实现将原始图像 src 转换为目标图像 dst 时，假设 x 轴方向的平移量为 Δx，y 轴方向的平移量为 Δy，则平移时的 M 矩阵可以表示为：

矩阵：
$$M=\begin{bmatrix} M_{11} & M_{12} & M_{13} \\ M_{21} & M_{22} & M_{23} \end{bmatrix}$$

即 $dst(x,y)=src(x+\Delta x, y+\Delta y)$，在已知转换矩阵 M 的情况下，可以直接利用转换矩阵 M 调用 cv2.warpAffine() 函数完成图像的平移。

【例 5-3】编写程序，利用自定义转换矩阵完成图像平移。

根据题目要求，编写程序如下：

```python
import cv2
import numpy as np
img = cv2.imread("lena.bmp")
height, width = img.shape[:2]
delta_x = 100
delta_y = 200
M = np.float32([[1,0,delta_x], [0,1,delta_y]])
move = cv2.warpAffine(img, M, (width, height))
cv2.imshow("original", img)
cv2.imshow("move", move)
cv2.waitKey()
cv2.destroyAllWindows()
```

图像平移运行结果如图 5-3 所示。

图 5-3　图像平移运行结果

5.3.2　旋转

图像旋转是以图像中的某一点为原点，旋转一定的角度，图像上的所有像素点都会旋转一个相同的角度。旋转后图像的大小一般会改变，因为要把旋转出显示区域的图像截去，或者扩大图像范围来显示完整的图像。

OpenCV 提供了 cv2.getRotationMatrix2D() 函数来获取旋转矩阵后，再用 cv2.warpAffine() 函数进行变换。该函数的语法格式为：

```
retval=cv2.getRotationMatrix2D(center,angle,scale)
```

其中：

- center 为旋转的中心点。
- angle 为旋转角度，正数表示逆时针旋转，负数表示顺时针旋转。
- scale 为变换尺度（缩放大小）。

利用 cv2.getRotationMatrix2D() 函数可以直接生成要使用的转换矩阵 **M**。

【例 5-4】编写程序，完成图像旋转，以图像中心为原点，逆时针旋转 60°，并将目标图像缩小为原始图像的 0.8 倍。

根据题目要求，编写程序如下：

```
import cv2
img = cv2.imread("lena.bmp")
height, width = img.shape[:2]
M = cv2.getRotationMatrix2D((width/2,height/2), 60, 0.8)
rotate = cv2.warpAffine(img, M, (width, height))
cv2.imshow("original", img)
cv2.imshow("rotation", rotate)
cv2.waitKey()
cv2.destroyAllWindows()
```

运行程序，出现如图 5-4 所示的运行结果，其中左图是原始图像，右图是旋转结果图像。

图 5-4 图像旋转运行结果

5.3.3 复杂的仿射变换

前面讲的平移和旋转都属于比较简单的仿射变换，对于复杂的仿射变换，OpenCV 提供了 cv2.getAffineTransform() 函数来生成仿射函数 cv2.warpAffine() 所使用的转换矩阵 **M**。该函数的语法格式为：

```
retval=cv2.getAffineTransform(src,dst)
```

其中：
- src 代表输入图像的三个点的坐标。
- dst 代表输出图像的三个点的坐标。

在该函数中，其参数 src 和 dst 是包含三个二维数组（x,y）点的坐标数组。通过 cv2.getAffineTransform() 函数可以定义两个平行四边形。src 和 dst 中的三个点分别对应平行四边形的左上角、右上角、左下角三个点。cv2.warpAffine() 函数以 cv2.getAffineTransform() 函数获取的转换矩阵 *M* 为参数，将 src 中的点仿射到 dst 中。cv2.getAffineTransform() 函数对所指定的点完成映射后，将所有其他点的映射关系按照指定点的关系计算确定。

【例 5-5】编写程序，完成图像仿射。

根据题目要求，编写程序如下：

```python
import cv2
import numpy as np
img = cv2.imread('lena.bmp')
rows, cols, ch = img.shape
p1 = np.float32([[0, 0], [cols-1, 0], [0, rows-1]])
p2 = np.float32([[0, rows * 0.33], [cols * 0.85, rows * 0.25], [cols * 0.15, rows * 0.7]])
M = cv2.getAffineTransform(p1, p2)
dst = cv2.warpAffine( img, M, (cols, rows))
cv2.imshow("original", img)
cv2.imshow("result", dst)
cv2.waitKey()
cv2.destroyAllWindows()
```

运行程序，出现如图 5-5 所示的运行结果，其中左图是原始图像，右图是仿射结果图像。

图 5-5　图像复杂仿射变换运行结果

5.4 透视

透视变换（Perspective Transformation）是将成像投影到一个新的视平面中。需要分配一个 3×3 的变换矩阵，为了找到这个变换矩阵，需要提供原图和投影图对应的 4 个顶点坐标，可以通过 cv2.getPerspectiveTransform() 函数得到对应的变换矩阵 M，并用 cv2.warpPerspective() 函数完成透视变换。透视变换可保持直线不变形，但是平行线可能不再平行。

cv2.getPerspectiveTransform() 函数的语法格式为：

```
retval=cv2.getPerspectiveTransform( src,dst)
```

其中：
- src 代表输入图像的 4 个顶点的坐标。
- dst 代表输出图像的 4 个顶点的坐标。

需要注意的是，src 参数和 dst 参数是包含 4 个点的数组，与仿射变换函数 cv2.getAffineTransform() 中的三个点是不同的。

透视变换通过 cv2.warpPerspective() 函数实现，该函数的语法格式为：

```
dst=cv2.warpPerspective( src, M, dsize)
```

其中：
- dst 代表透视处理后的输出图像，该图像和原始图像具有相同的类型。
- src 代表要透视的图像。
- M 代表一个 3×3 的变换矩阵。
- dsize 代表输出图像的尺寸大小。

【例 5-6】编写程序，完成图像透视变换。

根据题目要求，编写程序如下：

```
import cv2
import numpy as np
img = cv2.imread('lena.bmp')
rows, cols = img.shape[:2]
pts1 = np.float32([[150, 50], [400, 50], [60, 450], [310, 450]])
pts2 = np.float32([[50, 50], [rows-50, 50], [50, cols-50], [rows-50, cols-50]])
M = cv2.getPerspectiveTransform(pts1, pts2)
dst = cv2.warpPerspective(img, M, (cols, rows))
cv2.imshow("img", img)
```

```
cv2.imshow("dst", dst)
cv2.waitKey()
cv2.destroyAllWindows()
```

在本例中，指定原始图像中平行四边形的 4 个顶点 pts1，指定目标图像中矩形的 4 个顶点 pts2，使用 M=cv2.getPerspectiveTransform(ptsl,pts2) 生成转换矩阵 M。接下来，使用语句 dst=cv2.warpPerspective(img,M,(cols,rows) 完成从平行四边形到矩形的转换。运行程序，得到如图 5-6 所示的运行结果。

图 5-6　图像透视变换运行结果

思考与练习

1. 图像有哪几种常见的几何变换？
2. 图像旋转会引起图像失真吗，为什么？
3. 在放大一幅图像时，为什么会出现马赛克现象，有什么解决办法？
4. 编写程序，将一幅图像逆时针旋转 45° 后，再缩小 1.5 倍。
5. 编写程序，通过指定 4 个顶点坐标，将一幅图像进行透视变换。

第 6 章 图像滤波

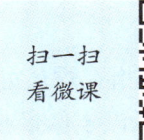

图像滤波，即在尽量保留图像细节特征的条件下对目标图像的噪声进行抑制，是图像预处理中不可缺少的操作，其处理效果的好坏将直接影响后续图像处理和分析的有效性和可靠性。

由于成像系统、传输介质和记录设备等的不完善，数字图像在其形成、传输记录过程中往往会受到多种噪声的污染。另外，在图像处理的某些环节当输入的对象不如预期时也会在结果图像中引入噪声。这些噪声在图像上常表现为一些引起较强视觉效果的孤立像素点或像素块。一般，噪声信号与要研究的对象不相关，它以无用的信息形式出现，扰乱图像的可观测信息。对于数字图像信号，噪声信号表现为或大或小的极值，这些极值通过加减作用于图像像素点的真实灰度级上，对图像造成亮、暗点干扰，极大降低了图像质量，影响图像复原、分割、特征提取、图像识别等后续工作的进行。要构造一种有效抑制噪声的滤波器必须考虑两个基本问题：能有效地去除目标和背景中的噪声；同时，能很好地保护图像目标的形状、大小及特定的几何拓扑结构特征。

本章主要介绍几种常见的滤波：均值滤波、高斯滤波、中值滤波和 2D 卷积（自定义滤波）。

6.1 均值滤波

均值滤波是指用当前像素点邻域内的 $N \times N$ 个像素值的均值来代替当前像素值。使用该方法遍历处理图像内的每个像素点，即可完成整幅图像的均值滤波。在进行均值滤波时，首先要考虑需要对周围多少个像素点取平均值。通常情况下，我们会以当前像素点为中心，对行数和列数相等的一块正方形区域内的所有像素点的像素值求平均值。针对边缘像素点，我们一般有两种处理方法：

- 只取图像内存在的周围邻域点的像素值平均值；
- 扩展当前图像的周围像素点。完成图像边缘扩展后，可以在新增的行列内填充不同的像素值。在此基础上，再计算其邻域内像素点的像素值平均值。

OpenCV 提供了多种边界处理方式，我们可以根据实际需要选用不同的边界处理模式。在 OpenCV 中，实现均值滤波的函数是 cv2.blur()，其语法格式为：

```
dst=cv2.blur( src, ksize, anchor, borderType)
```

其中：
- dst 是返回值，表示进行均值滤波后得到的处理结果。
- src 是需要处理的图像，即原始图像。
- ksize 是滤波核的大小。滤波核大小是指在均值处理过程中，其邻域图像的高度和宽度。例如，其值可以为（5,5），表示以 5 像素 ×5 像素大小的邻域均值作为图像均值滤波处理的结果。
- anchor 是锚点，其默认值是（-1,-1），表示当前计算均值的点位于核的中心点位置。该值使用默认值即可，在特殊情况下可以指定不同的点作为锚点。
- borderType 是边界样式，该值决定了以何种方式处理边界。一般情况下不需要考虑该值的取值，直接采用默认值即可。

因此，cv2.blur() 函数的一般形式为：

```
dst=cv2.blur(src, ksize)
```

【例 6-1】读取一幅噪声图像，使用 cv2.blur() 函数对图像进行均值滤波处理，得到去噪图像。

根据题目要求，编写程序如下：

```
import cv2
img = cv2.imread("lena_noise.jpg", 0)
dst = cv2.blur(img, (5, 5))
cv2.imshow("original", img)
cv2.imshow("result", dst)
cv2.waitKey()
cv2.destroyAllWindows()
```

图像均值滤波结果如图 6-1 所示。

图 6-1　图像均值滤波结果

6.2 高斯滤波

高斯滤波是一类根据高斯函数的形状来选择权值的线性平滑滤波器。高斯平滑滤波器对于抑制服从正态分布的噪声非常有效。二维高斯分布的定义式为：

$$(x,y) = \frac{1}{2\pi\sigma^2} e^{-\frac{x^2+y^2}{2\sigma^2}}$$

高斯滤波形状可以表示为图 6-2。在高斯滤波形状中，我们可以观察到，中心点的权值加大，远离中心点的权值减小。

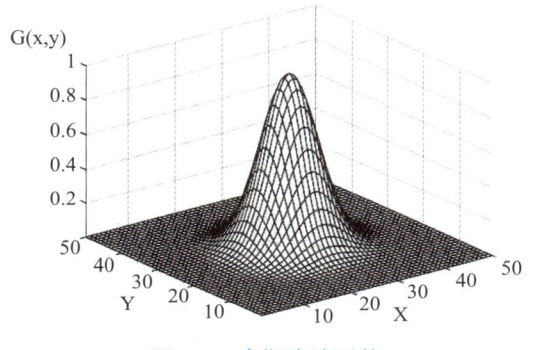

图 6-2 高斯滤波形状

高斯函数具有 5 个重要的性质，这些性质使得它在早期图像处理中特别有用。这些性质表明，高斯平滑滤波器无论在空间域还是在频率域中都是十分有效的低通滤波器，并且在实际图像处理中得到了有效运用。

（1）二维高斯函数具有旋转对称性，即滤波器在各个方向上的平滑程度是相同的。一般来说，一幅图像的边缘方向是事先不知道的，因此，在滤波前无法确定一个方向上比另一方向上需要更多的平滑。旋转对称性意味着高斯平滑滤波器在后续边缘检测中不会偏向任一方向。

（2）高斯函数是单值函数。这表明，高斯滤波器用像素邻域的加权均值来代替该像素点的像素值，而每个邻域像素点权值是随该点与中心点的距离单调增减的。这一性质是很重要的，因为边缘是一种图像局部特征，若平滑运算对离算子中心很远的像素点仍然有很大作用，则平滑运算会使图像失真。

（3）高斯函数的傅里叶变换频谱是单瓣的。这一性质是高斯函数傅里叶变换等于高斯函数本身这一事实的直接推论。图像常被不希望的高频信号所污染（噪声和细纹理）。而所希望的图像特征（如边缘），既含有低频分量，又含有高频分量。高斯函数傅里叶变换的单瓣意味着平滑图像不会被不需要的高频信号所污染，同时保留了大部分所需信号。

（4）高斯滤波器宽度（决定着平滑程度）是由参数 σ 表征的，而且 σ 和平滑程度的关系是非常简单的。σ越大，高斯滤波器的频带就越宽，平滑程度就越好。通过调节参数 σ，可在图像特征过分模糊（过平滑）与平滑图像中由于噪声和细纹理所引起的过多的不希望突变量（欠平滑）之间取得均衡结果。

（5）由于高斯函数的可分离性，较大尺寸的高斯滤波器可以得以有效地实现。二维高斯函数卷积可以分两步来进行，首先将图像与一维高斯函数进行卷积，然后将卷积结果与方向垂直的相同一维高斯函数卷积。因此，二维高斯函数的计算量随滤波模板宽度成线性增长而不是成平方增长。

在 OpenCV 中，实现高斯滤波的函数是 cv2.GaussianBlur()，该函数的语法格式是：

```
dst=cv2.GaussianBlur( src, ksize, sigmaX, sigmaY, borderType)
```

其中：
- dst 是返回值，表示进行高斯滤波后得到的处理结果。
- src 是需要处理的图像，即原始图像。
- ksize 是滤波核的大小。滤波核大小是指在滤波处理过程中其邻域图像的高度和宽度。需要注意，滤波核的值必须是奇数。
- sigmaX 是卷积核在水平方向（X 轴方向）上的标准差，其控制的是权重比例。
- sigmaY 是卷积核在垂直方向（Y 轴方向）上的标准差。若将该值设置为 0，则只采用 sigmaX 的值；若 sigmaX 和 sigmaY 都是 0，则通过 ksize.width 和 ksize.height 计算得到。其中，

$$sigmaX=0.3 \times [(ksize.width-1) \times 0.5-1]+0.8$$
$$sigmaY=0.3 \times [(ksize.height-1) \times 0.5-1]+0.8$$

- borderType 是边界样式，该值决定了以何种方式处理边界。一般情况下，不需要考虑该值，直接采用默认值即可。

在该函数中，sigmaY 和 borderType 是可选参数。sigmaX 是必选参数，但是可以将该参数设置为 0，让函数自己去计算 sigmaX 的具体值。

官方文档建议指定 ksize、sigmaX 和 sigmaY 三个参数的值，以避免将来函数修改后可能造成的语法错误。当然，在实际处理中，可以指定 sigmaX 和 sigmaY 为默认值 0。因此，cv2.GaussianBlur() 函数的常用形式为：

```
dst=cv2.GaussianBlur(src, ksize,0,0)
```

【例 6-2】对噪声图像进行高斯滤波，显示滤波的结果。

根据题目要求，编写程序如下：

```
import cv2
img = cv2.imread("lena_noise.jpg", 0)
dst = cv2.GaussianBlur(img, (5,5), 0, 0)
cv2.imshow("original", img)
```

```
cv2.imshow("result", dst)
cv2.waitKey()
cv2.destroyAllWindows()
```

图像高斯滤波结果如图 6-3 所示。

图 6-3 图像高斯滤波结果

6.3 中值滤波

  中值滤波是一种非线性平滑技术，它将每个像素点的灰度级设置为该像素点某邻域窗口内的所有像素点灰度级的中值。中值滤波是基于排序统计理论的一种能有效抑制噪声的非线性信号处理技术，中值滤波的基本原理是把数字图像或数字序列中一点的值用该点的一个邻域中各点值的中值代替，让周围的像素值接近真实值，从而消除孤立的噪声点。方法是用某种结构的二维滑动模板，将模板内像素点按照像素值的大小进行排序，生成单调上升（或下降）的二维数据序列。模板区域也可以是不同的形状，如线状、圆形、十字形、圆环形等。

  中值滤波对消除椒盐噪声非常有效，在光学测量条纹图像的相位分析处理方法中有特殊作用，但在条纹中心分析方法中作用不大。中值滤波在图像处理中，常用于保护边缘信息，是经典的平滑噪声的方法。

  在 OpenCV 中，实现中值滤波的函数是 cv2.medianBlur()，其语法格式如下：

```
dst=cv2.medianBlur(src,ksize)
```

其中：
- dst 是返回值，表示进行中值滤波后得到的处理结果。
- src 是需要处理的图像，即源图像。
- ksize 是滤波核的大小。滤波核大小是指在滤波处理过程中其邻域图像的高度和宽度。需要注意，滤波核大小必须是比 1 大的奇数，如 3、5、7 等。

【例 6-3】使用中值滤波对噪声图像过滤，显示滤波的结果。

根据题目要求，采用 cv2.medianBlur() 函数实现中值滤波，编写程序如下：

```
import cv2
img = cv2.imread("lena_noise.jpg", 0)
dst = cv2.medianBlur(img, 5)
cv2.imshow("original", img)
cv2.imshow("result", dst)
cv2.waitKey()
cv2.destroyAllWindows()
```

图像中值滤波结果如图 6-4 所示。

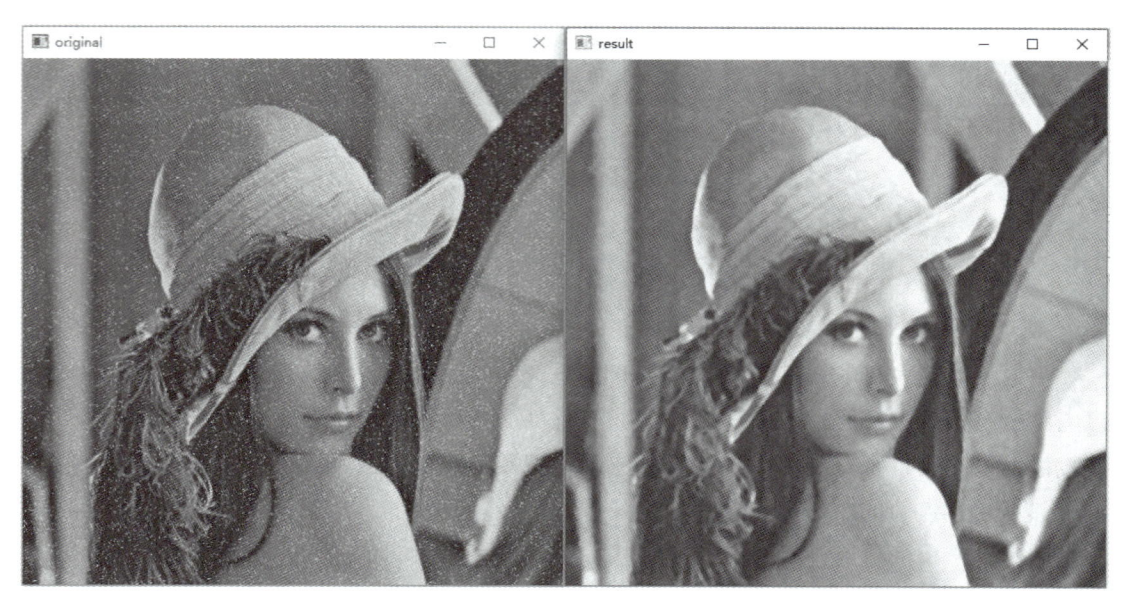

图 6-4　图像中值滤波结果

从图 6-4 中可以看到，由于没有进行均值处理，中值滤波不存在均值滤波等滤波方式带来的细节模糊问题。在中值滤波处理过程中，噪声很难被选中，所以可以在几乎不影响原有图像的情况下去除噪声。但是由于需要进行排序等操作，中值滤波需要的运算量比均值滤波大。

6.4　2D 卷积

卷积是两个变量在某个范围内相乘后求和的结果，图像滤波运算实际上就是 2D 卷积运算。OpenCV 提供了多种滤波方式，来实现平滑图像的效果，如均值滤波、高斯滤波、中值滤波等。大多数滤波方式所使用的卷积核都具有一定的灵活性，能够方便地设置卷积核的大小和数值。但是，我们有时希望使用特定的卷积核实现卷积操作时，要使用 OpenCV 的自定义卷积函数。

在 OpenCV 中，允许用户自定义卷积核实现卷积操作，使用自定义卷积核实现卷积操作的函数是 cv2.filter2D()，其语法格式为：

```
dst=cv2.filter2D(src, ddepth, kernel,anchor, delta, borderType)
```

其中：
- dst 是返回值，表示进行滤波后得到的处理结果。
- src 是需要处理的图像，即原始图像。
- ddepth 是处理结果图像的图像深度，一般使用 -1 表示与原始图像使用相同的图像深度。
- kernel 是卷积核，是一个单通道的数组。若想在处理彩色图像时，让每个通道使用不同的核，则必须将彩色图像分解后使用不同的核完成操作。
- anchor 是锚点，其默认值是 (-1,-1)，表示当前计算均值的点位于核的中心点位置。该值使用默认值即可，在特殊情况下可以指定不同的点作为锚点。
- delta 是修正值，它是可选项。如果该值存在，会在基础滤波的结果上加上该值作为最终的滤波处理结果。
- borderType 是边界样式，该值决定了以何种情况处理边界，通常使用默认值即可。

在通常情况下，使用滤波函数 cv2.filter2D() 时，对于锚点 anchor、修正值 delta、边界样式 borderType，直接采用其默认值即可。因此，cv2.filter2D() 函数的常用形式为：

```
dst=cv2.filter2D( src, ddepth, kernel)
```

【例 6-4】自定义一个卷积核，通过 cv2.filter2D() 函数应用该卷积核对图像进行滤波操作，并显示结果。

根据题目要求，设计一个 7 像素 ×7 像素大小的卷积核，让卷积核内所有权重值相等。根据题目要求，编写程序如下：

```
import numpy as np
import cv2
img = cv2.imread("lena_noise.jpg", 0)
kernel = np.ones((7, 7), np.float32) / 49
dst = cv2.filter2D(img, -1, kernel)
cv2.imshow("original", img)
cv2.imshow("dst", dst)
cv2.waitKey()
cv2.destroyAllWindows()
```

图像 2D 卷积滤波结果如图 6-5 所示。

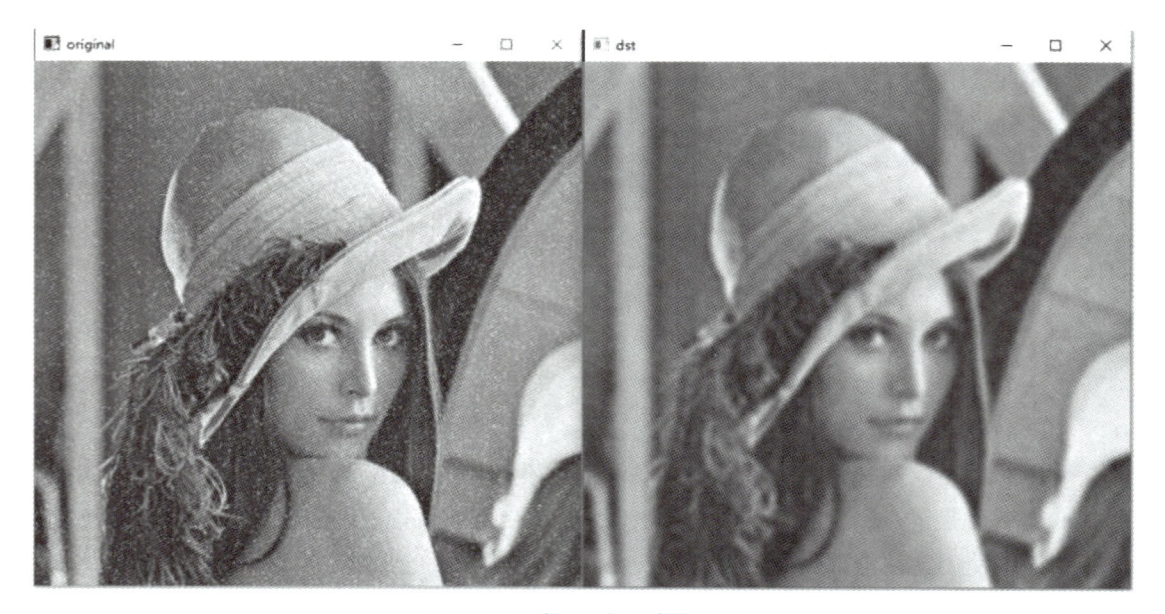

图 6-5　图像 2D 卷积滤波结果

思考与练习

1. 简述均值滤波、中值滤波的原理，分析比较它们的性能特点，并通过实例说明。
2. 高斯滤波函数有哪些重要特性？
3. 对于椒盐噪声图像，哪种滤波效果最好？通过程序实现结果进行说明。
4. 编写程序，自定义一个 2D 卷积滤波，并对图像进行处理。
5. 为什么中值滤波核的大小必须为奇数？

第 7 章　图像梯度

扫一扫
看微课

图像梯度计算的是图像变化的速度。对于图像的边缘部分，其灰度级变化较大，梯度值也较大；相反，对于图像中比较平滑的部分，其灰度级变化较小，相应的梯度值也较小。一般情况下，图像梯度计算的是图像的边缘信息。

我们学过微积分，知道微分就是求函数的变化率，即导数（梯度），那么对于图像来说，可以用微分来表示图像灰度的变化率。

在微积分中，一维函数的一阶微分的基本定义是这样的：

$$\frac{\mathrm{d}f}{\mathrm{d}f} = \lim_{\in \to 0} \frac{f(x+\in)-f(x)}{\in}$$

而图像是一个二维函数 $f(x,y)$，其微分当然就是偏微分。因此有：

$$\frac{\partial f(x,y)}{\partial x} = \lim_{\in \to 0} \frac{f(x+\in,y)-f(x,y)}{\in}$$

$$\frac{\partial f(x,y)}{\partial y} = \lim_{\in \to 0} \frac{f(x,y+\in)-f(x,y)}{\in}$$

因为图像是一个离散的二维函数，$\in$ 不能无限小，图像是按照像素来离散的，最小的 $\in$ 就是 1 像素。因此，上面的图像微分又变成了如下的形式（$\in=1$）：

$$\frac{\partial f(x,y)}{\partial x} = f(x+1,y)-f(x,y) = gx$$

$$\frac{\partial f(x,y)}{\partial y} = f(x+1,y)-f(x,y) = gy$$

这分别是图像在（x, y）点处 x 轴方向和 y 轴方向上的梯度，从上面的表达式可以看出来，图像的梯度相当于两个相邻像素之间的差值。

本章将介绍 Sobel、Scharr 和 Laplacian 算子的使用。

7.1　Sobel 算子及函数

算子通常又被称为滤波器。滤波器是指由一幅图像根据像素点（x,y）临近的区域计算得到另外新图像的算法。因此，滤波器是由邻域及预定义的操作构成的。滤波器规定了滤波时所采用的形状以及该区域内像素值的组成规律。滤波器也被称为"掩模""核""模板""窗口"等。一般信号领域将其称为"滤波器"，数学领域将其称为"核"。本章中出现的滤波器多数为"线性滤波器"，也就是说，滤波的目标像素点的值等于原始像素值及其周围像素值的加权和。这种基于线性核的滤波，就是我们所熟悉的卷积。在本章中，为了方便说明，直接使用"算子"来表示各种算子所使用的滤波器。例如，本章中所说的"Sobel 算子"通常是指 Sobel 滤波器。

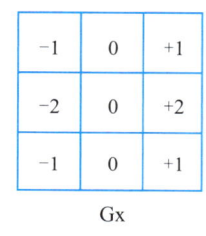

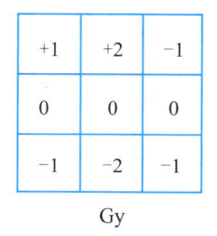

Sobel 算子对噪声不敏感，是计算机视觉领域的一种重要处理方法，主要用于获得数字图像的一阶梯度，常见的应用是边缘检测。Sobel 算子是把图像中每个像素点的 9 个相邻像素点（包括该像素点）的灰度级加权求和，在边缘处达到极值从而检测边缘。

Sobel 算子不但能产生较好的检测效果，而且对噪声具有平滑抑制作用，但是得到的边缘较粗糙，并且可能出现伪边缘现象。Sobel 算子，一般窗口的大小为 3 像素 ×3 像素。如图 7-1 所示，Sobel 算子有下面这两种形式，Gx 和 Gy。其中，Gx 用来计算垂直边缘，Gy 用来计算水平边缘。

−1	0	+1
−2	0	+2
−1	0	+1

Gx

+1	+2	−1
0	0	0
−1	−2	−1

Gy

图 7-1　Sobel 算子

假设有 9 个像素点领域如图 7-2 所示。若要计算像素点 P_5 的水平方向偏导数（垂直边缘）P_5x，则需要利用 Sobel 算子及 P_5 邻域点，公式为：

$$P_5x=(P_3-P_1)+2\times(P_6-P_4)+(P_9-P_7)$$

P_1	P_2	P_3
P_4	P_5	P_6
P_7	P_8	P_9

图 7-2　像素点领域

即用像素点 P_5 右侧像素点的像素值减去其左侧像素点的像素值。其中，中间像素点（P_4 和 P_6）离像素点 P_5 较近，其像素值差值的权重为 2，其余差值的权重为 1。

同样，若要计算像素点 P_5 的垂直方向偏导数（水平边缘）P_5y，则需要利用 Sobel 算子及 P_5 邻域点，公式为：

$$P_5y=(P_7-P_1)+2\times(P_8-P_2)+(P_9-P_3)$$

使用像素点 P_5 下一行像素点的像素值减去上一行像素点的像素值。其中，中间像素点（P_2 和 P_8）距离像素点 P_5 较近，其像素值差值的权重为 2；其余差值的权重为 1。

对于一幅图像，我们对每个像素点进行计算，然后遍历整幅图像就可以了。OpenCV 提供了 cv2.Sobel() 函数实现 Sobel 算子运算，其语法形式为：

```
dst=cv2.Sobel( src, ddepth, dx, dy[,ksize[, scale[,delta[,borderType]]]])
```

其中：
- dst 代表目标图像。
- src 代表原始图像。
- ddepth 代表输出图像的深度。通常设置为 cv2.CV_64F。
- dx 代表 x 轴（水平）方向上的求导阶数。
- dy 代表 y 轴（垂直）方向上的求导阶数。
- ksize 代表 Sobel 核的大小。该值为 -1 时，则会使用 Scharr 算子进行运算。
- scale 代表计算导数值时所采用的缩放因子，默认情况下该值是 1，是没有缩放的。
- delta 代表加在目标图像 dst 上的值，该值是可选的，默认为 0。
- borderType 代表边界样式。一般采用默认值即可。

在 cv2.Sobel() 函数的语法中规定，可以将 cv2.Sobel() 函数内 ddepth 参数的值设置为 -1，让处理结果与原始图像保持一致。但是，如果直接将参数 ddepth 的值设置为 -1，在计算时得到的结果可能是错误的。在实际操作中，计算梯度值可能会出现负数。若处理的图像是 8 位图类型，则在 ddepth 的参数值为 -1 时，意味着指定运算结果也是 8 位图类型，那么所有负数会自动截断为 0，发生信息丢失。为了避免信息丢失，在计算时要先使用更高的数据类型 cv2.CV_64F，再通过取绝对值将其映射为 cv2.CV_8U（8 位图）类型。所以，通常要将 cv2.Sobel() 函数内参数 ddepth 的值设置为 cv2.CV_64F。

OpenCV 提供了 cv2.convertScaleAbs() 函数对参数取绝对值，该函数的语法格式为：

```
dst=cv2.convertScaleAbs( src [,alpha[,beta]])
```

其中：
- dst 代表处理结果。
- src 代表原始图像。
- alpha 代表调节系数，该值是可选的，默认为 1。
- beta 代表调节亮度值，该值是默认值，默认为 0。

这里，该函数的作用是将原始图像 src 转换为 256 位的图像，其可以表示为：

```
dst=saturate(src*alpha+beta)
```

其中，saturate() 表示计算结果的最大值是饱和值，例如，当 "src*alpha+beta" 的值超过 255 时，取值为 255。

【例 7-1】使用 Sobel 算子，用不同方式处理图像在两个方向上的边缘信息。
- 方式 1：分别使用 "dx=1，dy=0" 和 "dx=0，dy=1" 计算图像在水平方向和垂直方向的边缘信息，然后将二者相加，构成两个方向的边缘信息。
- 方式 2：将参数 dx 和 dy 的值设为 "dx=1，dy=1"，获取图像在两个方向上的梯度。

根据题目要求，编写程序如下：

```
import cv2
img = cv2.imread('lena.bmp', cv2.IMREAD_GRAYSCALE)
Sobelx = cv2.Sobel(img, cv2.CV_64F, 1, 0)
Sobely = cv2.Sobel(img, cv2.CV_64F, 0, 1)
Sobelx = cv2.convertScaleAbs(Sobelx)
Sobely = cv2.convertScaleAbs(Sobely)
Sobelxy = cv2.addWeighted(Sobelx, 0.5, Sobely, 0.5, 0)
Sobelxy2 = cv2.Sobel(img, cv2.CV_64F, 1, 1)
Sobelxy2 = cv2.convertScaleAbs(Sobelxy2)
cv2.imshow("original", img)
cv2.imshow("xy", Sobelxy)
cv2.imshow("xy2", Sobelxy2)
cv2.waitKey()
cv2.destroyAllWindows()
```

运行程序，得到结果如图 7-3 所示，其中左图为原始图像，中间的图为方式 1 对应的图像，右图为方式 2 对应的图像。可以看出方式 1 检测出的边缘梯度值更大。

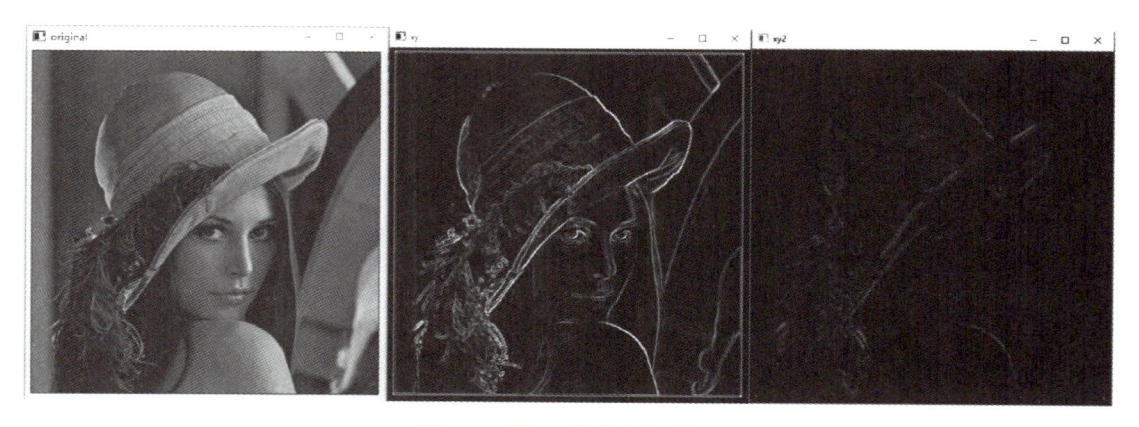

图 7-3　例 7-1 程序运行结果

7.2　Scharr 算子及函数

在离散的空间上，有很多方法可以用来计算近似导数，在使用 3 像素 ×3 像素的

Sobel 算子时，可能计算结果并不太精准。OpenCV 提供了 Scharr 算子，该算子具有和 Sobel 算子同样的速度，且精度更高。可以将 Scharr 算子看作对 Sobel 算子的改进，其核通常为：

$$G_x = \begin{bmatrix} -3 & 0 & +3 \\ -10 & 0 & +10 \\ -3 & 0 & +3 \end{bmatrix}$$

$$G_y = \begin{bmatrix} -3 & -10 & -3 \\ 0 & 0 & 0 \\ +3 & +0 & +3 \end{bmatrix}$$

OpenCV 提供了 cv2.Scharr() 函数来计算 Scharr 算子，其语法格式如下：

```
dst=cv2.Scharr( src,ddepth,dx,dy[,scale[,delta[,borderType]]])
```

其中：
- dst 代表目标图像。
- src 代表原始图像。
- ddepth 代表输出图像的深度。通常设置为 cv2.CV_64F。
- dx 代表 x 轴（水平）方向上的求导阶数。
- dy 代表 y 轴（垂直）方向上的求导阶数。
- scale 代表计算导数值时所采用的缩放因子，默认情况下该值是 1，是没有缩放的。
- delta 代表加在目标图像 dst 上的值，该值是可选的，默认为 0。
- borderType 代表边界样式。一般采用默认值即可。

在 cv2.Sobel() 函数中介绍过，若 ksize = -1，则会使用 Scharr 算子。因此，以下语句：

```
dst=cv2.Scharr(src, ddepth, dx, dy)
dst=cv2.Sobel(src, ddepth, dx, dy, -1)
```

是等价的。

另外，需要注意的是，在 cv2.Scharr() 函数中，要求参数 dx 和 dy 满足条件：dx>=0 && dy >=0 && dx+dy==1。

【例 7-2】比较 Sobel 算子和 Scharr 算子检测边缘的效果。

根据题目要求，编写程序如下：

```
import cv2
img = cv2.imread('lena.bmp', cv2.IMREAD_GRAYSCALE)
Sobelx = cv2.Sobel(img, cv2.CV_64F, 1, 0, ksize=3)
Sobely = cv2.Sobel(img, cv2.CV_64F, 0, 1, ksize=3)
Sobelx = cv2.convertScaleAbs(Sobelx)
Sobely = cv2.convertScaleAbs(Sobely)
Sobelxy = cv2.addWeighted(Sobelx, 0.5, Sobely, 0.5, 0)
```

```
Scharrx = cv2.Scharr(img, cv2.CV_64F, 1, 0)
Scharry = cv2.Scharr(img, cv2.CV_64F, 0, 1)
Scharrx = cv2.convertScaleAbs(Scharrx)
Scharry = cv2.convertScaleAbs(Scharry)
Scharrxy = cv2.addWeighted(Scharrx, 0.5, Scharry, 0.5, 0)
cv2.imshow("original", img)
cv2.imshow("Sobelxy", Sobelxy)
cv2.imshow("Scharrxy", Scharrxy)
cv2.waitKey()
cv2.destroyAllWindows()
```

运行程序，得到结果如图 7-4 所示，其中左图为原始图像，中间的图为 Sobel 算子检测的边缘图像，右图为 Scharr 算子检测的边缘图像。可以看出 Scharr 算子检测出的边缘细节更多。

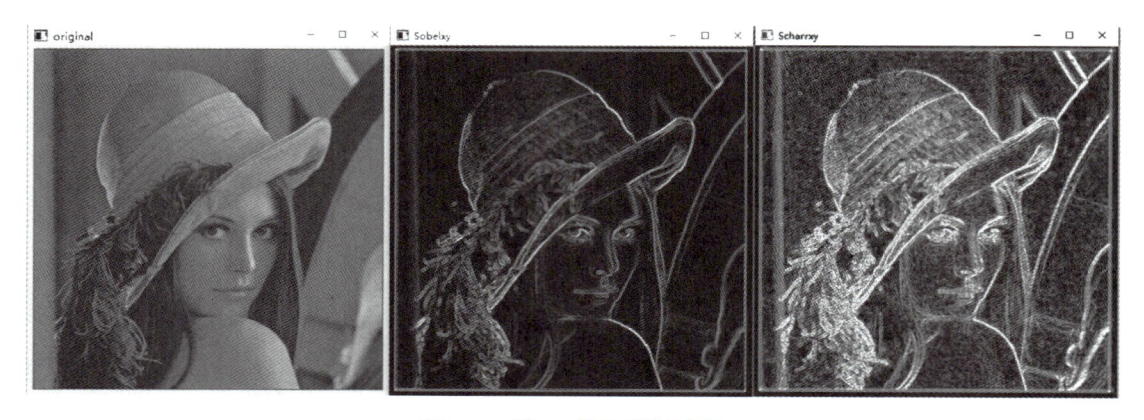

图 7-4 例 7-2 程序运行结果

7.3 Laplacian 算子及函数

Laplacian（拉普拉斯）算子是一种二阶导数算子，其具有旋转不变性，可以满足不同的图像边缘锐化（边缘检测）的要求。通常情况下，其算子的系数之和应为 0。例如，一个 3 像素 ×3 像素的 Laplacian 算子如图 7-5 所示。

0	1	0
1	−4	1
0	1	0

图 7-5 Laplacian 算子

从卷积的形式来看，如果在图像中的一个比较暗的区域中出现了一个亮点，那么经过 Laplacian 算子处理后，这个亮点会变得更亮。因为在一个很暗的区域内，很亮的点和其周围的点属于差异比较大的点，在图像上，差异大就是这个亮点与周围点的像素在数值上的差值大。那么基于二阶微分的 Laplacian 算子就是求取这种像素值发生突然变换的点或线，此算子却可用二次微分正峰和负峰之间的过零点来确定，对孤立点或端点更为敏感，因此特别适用于检测图像中的孤立点、孤立线或线端点的场景。同梯度算子一样，Laplacian 算子也会增强图像中的噪声，因此用 Laplacian 算子进行边缘检测时，可将图像先进行平滑处理。但是在使用 Laplacian 算子的过程中，我们又不希望这个算子改变图像中其他像素的信息，所以设定滤波的数值和加起来为 0。

要注意，Laplacian 算子计算结果的值可能为正数，也可能为负数。所以，需要对计算结果取绝对值，以保证后续运算和显示都是正确的。OpenCV 提供了 cv2.Laplacian() 函数实现 Laplacian 算子的计算，该函数的语法格式为：

```
dst=cv2.Laplacian(src,ddepth[,ksize[, scale[,delta[,borderType]]]])
```

其中：
- dst 代表目标图像。
- src 代表原始图像。
- ddeph 代表目标图像的深度。
- ksize 代表用于计算二阶导数的核尺寸大小。该值必须是正的奇数。
- scale 代表计算 Laplacian 值的缩放比例因子，该参数值是可选的。默认情况下，该值为 1，表示不进行缩放。
- delta 代表加到目标图像上的可选值，默认为 0。
- borderType 代表边界样式。

【例 7-3】使用 cv2.Laplacian() 函数计算图像的边缘信息。

根据题目要求，编写程序如下：

```
import cv2
img = cv2.imread('lena.bmp', cv2.IMREAD_GRAYSCALE)
laplacian = cv2.Laplacian(img, cv2.CV_64F)
laplacian = cv2.convertScaleAbs(laplacian)
cv2.imshow("original", img)
cv2.imshow("Laplacian", laplacian)
cv2.waitKey()
cv2.destroyAllWindows()
```

运行程序，得到结果如图 7-6 所示。

图 7-6　例 7-3 程序运行结果

思考与练习

1. 简述 Sobel 算子、Scharr 算子、Laplacian 算子的原理，分析比较它们的性能特点，并通过实例说明。

2. Laplacian 算子为什么能锐化图像边缘？

3. 对于旋转后的图像，哪种梯度算子效果最好？通过程序实现结果进行说明。

4. 编写程序，自定义一个图像梯度算子，并对图像进行处理。

第8章 图像的直方图处理

直方图，简单来说就是对图像中每个灰度级的个数统计。直方图是图像处理过程中的一种非常重要的图像统计特征。直方图从图像内部灰度级的角度对图像进行表述，包含十分丰富而重要的信息。

8.1 直方图的含义

从统计的角度讲，直方图是图像内灰度级的统计特性与图像灰度级之间的函数，直方图统计图像内各个灰度级出现的次数。从直方图的图形上观察，横坐标是图像中各像素点的灰度级，纵坐标是具有该灰度级（像素值）的像素点的个数。例如，一幅灰度图中灰度级为 0 的像素点有多少个，灰度为 100 的像素点有多少个，灰度为 255 的像素点有多少个。直方图的 x 轴是灰度级（0~255），y 轴是图片中具有同一个灰度级的像素点的个数。如图 8-1 所示，通过直方图，可以对图像的对比度、亮度和灰度分布有一个直观的认识。

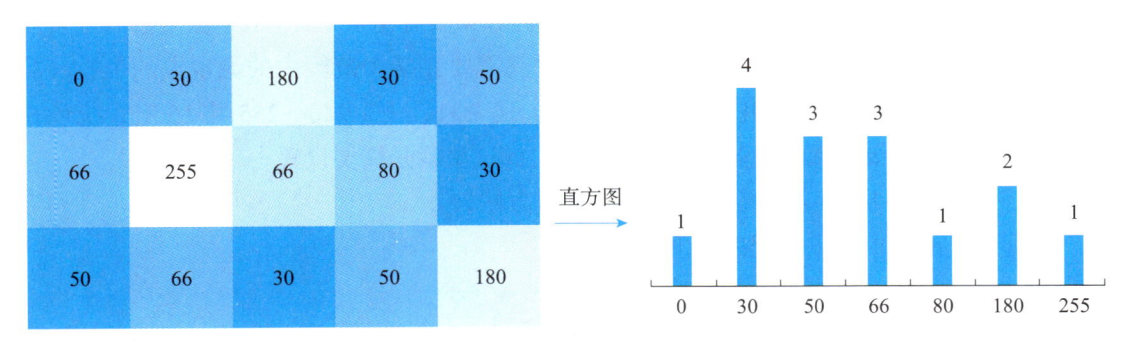

图 8-1 直方图示例

有时为了便于表示，也会采用归一化直方图。在归一化直方图中，x 轴仍然表示灰度级；y 轴不再表示灰度级出现的次数，而是灰度级出现的频率。例如，针对图 8-1，统计各个灰度级出现的频率：

灰度级出现的频率＝灰度级出现的次数／总像素数

所以统计结果如表 8-1 所示。

表 8-1 统计结果

灰度级	0	30	50	66	80	180	255	其余灰度级
出现频率	1/15	4/15	3/15	3/15	1/15	2/15	1/15	0

在归一化直方图中，各个灰度级出现的频率之和为 1。

8.2 绘制直方图

Python 的 matplotlib.pyplot 模块中的 hist() 函数能够很方便地绘制直方图，我们通常采用该函数来绘制直方图。除此以外，OpenCV 中的 cv2.calcHist() 函数能够计算统计直方图，还可以在此基础上绘制直方图。下面分别讨论这两种方法。

8.2.1 使用 Matplotlib 和 NumPy 绘制直方图

matplotlib.pyplot 模块提供了一个类似 MATLAB 绘图方式的框架，可以使用其中的 hist() 函数来绘制直方图。此函数的作用是根据数据源和灰度级分组绘制直方图。其基本语法格式为：

```
matplotlib.pyplot.hist(X,BINS)
```

其中，两个参数的含义如下。
- X 表示数据源，必须是一维的。图像通常是二维的，需要使用 ravel() 函数将图像处理为一维数组后，再作为参数使用。
- BINS 的具体值，表示灰度级的分组情况。如果要知道 0~255 每个像素值的像素点的个数，就需要 256 个 BINS。但是有时只需要在某个范围内的像素点的个数，需要将灰度级分为若干组，如分为 0~15，16~31，…，240~255 共 16 组，统计在某一组灰度级范围内的像素点个数就行，那这里就是需要设置 16 个 BINS。

【例 8-1】使用 hist() 函数绘制一幅图像的直方图。

根据题目的要求，编写程序如下：

```
import cv2
import matplotlib.pyplot as plt
img = cv2.imread("lena.bmp", 0)
cv2.imshow("original", img)
plt.hist(img.ravel(), 256)
cv2.waitKey()
cv2.destroyAllWindows()
```

以上程序运行结果如图 8-2 所示。

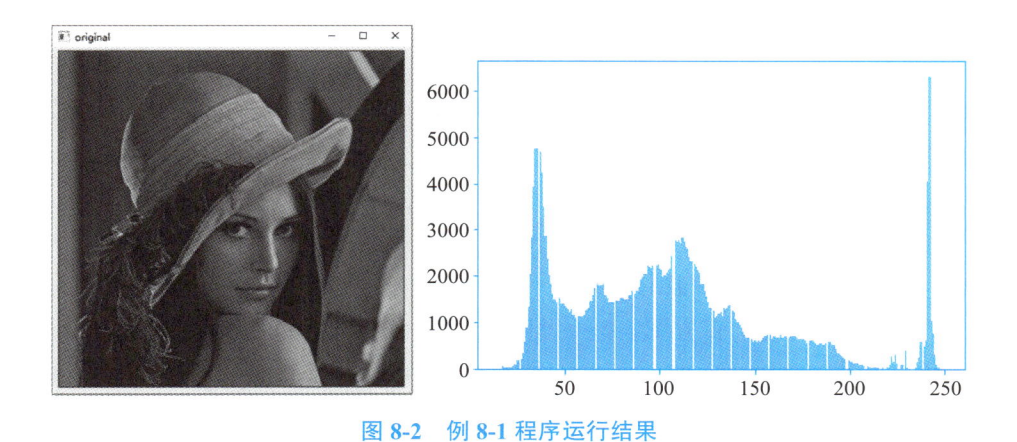

图 8-2 例 8-1 程序运行结果

NumPy 中的 np.histogram() 函数也可以统计直方图，基本语法格式为：

```
hist, bins=np.histogram(img.ravel(), histSize, ranges)
```

其中，参数的含义如下：

- hist 表示返回的统计直方图，是一个一维数组，数组内的元素是各个灰度级的像素点的个数。
- bins 表示灰度级的分组情况。
- histSize 表示 BINS 的值。
- ranges 表示像素值范围。8 位灰度图像的像素值范围是 [0,255]。

【例 8-2】使用 histogram() 函数绘制一幅图像的直方图。

根据题目的要求，编写程序如下：

```
import cv2
import matplotlib.pyplot as plt
import numpy as np
img = cv2.imread("lena.bmp", 0)
hist, bins = np.histogram(img.ravel(), 256, [0, 255])
plt.plot(hist)
```

以上程序运行结果如图 8-3 所示。

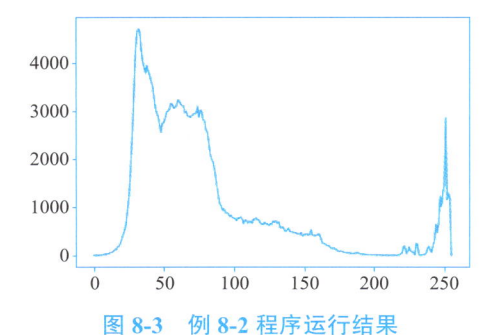

图 8-3 例 8-2 程序运行结果

8.2.2 使用 OpenCV 绘制直方图

可以用 OpenCV 的 cv2.calcHist() 函数绘制一幅图像的直方图。cv2.calcHist() 函数用于统计图像直方图信息，其语法格式为：

```
hist=cv2.calcHist(images,channels,mask,histSize,ranges,accumulate)
```

其中，函数中返回值及参数的含义如下：

- hist 表示返回的统计直方图，是一个一维数组，数组内的元素是各个灰度级的像素个数。
- images 表示原始图像，需要使用"[]"括起来。
- channels 表示指定通道编号。通道编号需要用"[]"括起来，如果输入图像是单通道灰度图像，就为 [0]。对于彩色图像，值可以是 [0]、[1]、[2]，分别对应通道 B、G、R。
- mask 表示掩模图像。当统计整幅图像的直方图时，值为 None。当统计图像某一部分的直方图时，需要用到掩模图像。
- histSize 表示 BINS 的值，该值需要用"[]"括起来。例如，BINS 的值是 256，则为 [256]。
- ranges 表示像素值范围。8 位灰度图像的像素值范围是 [0，255]。
- accumulate 表示累计（累积、叠加）标识，默认值为 False。若被设置为 True，则直方图在开始计算时不会被清零，计算的是多个直方图的累计结果，用于对一组图像计算直方图的情况。

【例 8-3】使用 cv2.calcHist() 函数计算一幅图像的统计直方图结果，并绘制得到的统计直方图。

根据题目的要求，编写程序如下：

```
import cv2
import matplotlib.pyplot as plt
import numpy as np
img = cv2.imread("lena.bmp",0)
hist = cv2.calcHist([img], [0], None, [256], [0,255])
plt.plot(hist)
```

绘制的直方图如图 8-4 所示，与图 8-3 所示的直方图完全一致。

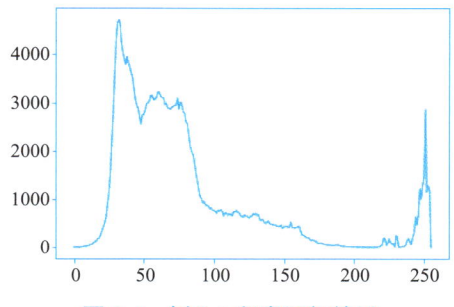

图 8-4 例 8-3 程序运行结果

8.2.3 彩色图像直方图

彩色图像有三个通道，可以将这三个通道分别取出来进行绘制，从而可以查看每个通道上像素的分布，得到原图中哪种颜色分量比较多。

【例 8-4】使用 cv2.calcHist() 函数计算一幅彩色图像的统计直方图结果，并将各个通道的直方图绘制在一个窗口内。

根据题目的要求，编写程序如下：

```
import cv2
import matplotlib.pyplot as plt
img = cv2.imread("lena.bmp")
histb = cv2.calcHist([img], [0], None, [256], [0,255])
histg = cv2.calcHist([img], [1], None, [256], [0,255])
histr = cv2.calcHist([img], [2], None, [256], [0,255])
plt.plot(histb, color='b')
plt.plot(histg, color='g')
plt.plot(histr, color='r')
plt.show()
```

运行上述程序，得到如图 8-5 所示的直方图。本例先通过 cv2.calcHist() 函数分别得到 [0]、[1]、[2] 三个通道（B、G、R 三个通道）的统计直方图数据，然后通过 plot() 函数利用这些数据绘制出直方图。

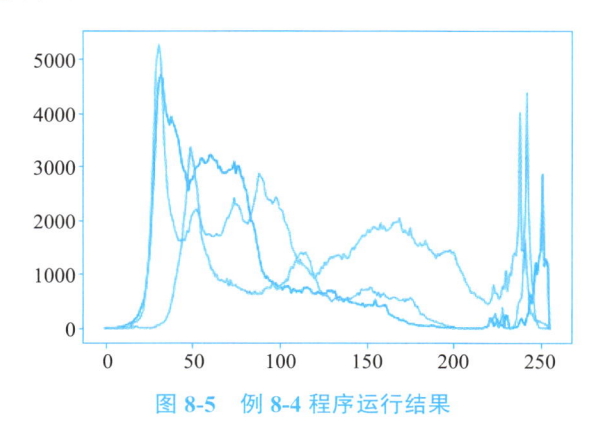

图 8-5　例 8-4 程序运行结果

8.3　直方图均衡化

直方图均衡化是对图像的一种抽象表示方式，借助直方图的修改或变换，可以改变图像像素的灰度分布，从而达到对图形进行增强的目的。

直方图是通过对图像的统计得到的，如果是一幅灰度图像，其灰度直方图反映了该图中不同的灰度级出现的情况。灰度直方图均衡化的目的就是将原始图像的灰度级均匀地映射到整个灰度级范围内，得到一个灰度级均匀分布的图像，这就增加了像素点灰度级的动态范围，从而增强图像整体对比度。这种均衡化，既实现了灰度级统计上的概率均衡，也实现了人类视觉系统上的视觉均衡。

直方图均衡化的算法主要包括两个步骤：
（1）计算累计直方图；
（2）对累计直方图进行区间转换。

在此基础上，再利用人眼视觉达到直方图均衡化的目的。

假设我们有一幅8个灰度级的7像素×7像素的图像，其统计直方图如表8-2第二行所示。首先计算归一化统计直方图，计算方式是计算每个像素点在图像内出现的概率。概率=出现次数/像素点总数，用每个灰度级的像素点个数除以总的像素点个数（49），就得到归一化统计直方图，如表8-2第三行所示。接下来，计算累计统计直方图，即计算所有灰度级的累计概率，结果如表8-2第四行所示。

表 8-2　直方图均衡化示例

灰度级	0	1	2	3	4	5	6	7
像素点个数	9	9	6	5	6	3	3	8
概率	9/49	9/49	6/49	5/49	6/49	3/49	3/49	8/49
累计概率	9/49	18/49	24/49	29/49	35/49	38/49	41/49	1
新的灰度级（原有灰度空间）	1	3	3	4	5	5	6	7
新的灰度级（更广泛范围）	47	94	125	151	182	198	213	255

最后在累计直方图的基础上，对原有灰度级空间进行转换，可以在原有范围内对灰度级实现均衡化，也可在更大范围内实现直方图均衡化。

在原有范围内实现直方图均衡化时，用当前灰度级的累计概率乘以当前灰度级的最大值并取整，得到新的灰度级，并作为均衡化的结果。此例中，用灰度级的累计概率乘以7，再四舍五入取整，就可以得到结果如表8-2第四行所示。

在更广泛的范围内实现直方图均衡化时，用当前灰度级的累计概率乘以更大范围内灰度级的最大值，得到新的灰度级，并作为均衡化的结果。例如，要将灰度级空间扩展为[0,255]共256个灰度级，就必须将原灰度级的累计概率乘以255，得到新的灰度级。此例中，用灰度级的累计概率乘以255，再四舍五入取整，就可以得到结果如表8-2第五行所示。

OpenCV中使用cv2.equalizeHist()函数实现直方图均衡化。该函数的语法格式为：

```
dst=cv2.equalizeHist(src)
```

其中，src 是 8 位单通道原始图像，dst 是直方图均衡化处理的结果。

【例 8-5】使用 cv2.equalizeHist() 函数实现直方图均衡化。

根据题目要求，编写程序如下：

```
import cv2
import matplotlib.pyplot as plt
img = cv2.imread('lena.bmp', 0)
equ = cv2.equalizeHist(img)
cv2.imshow("original", img)
cv2.imshow("result", equ)
plt.figure(" 原始图像直方图 ")
plt.hist(img.ravel(), 256)
plt.figure(" 均衡化结果直方图 ")
plt.hist(equ.ravel(), 256)
cv2.waitKey()
cv2.destroyAllWindows()
```

运行程序，会显示如图 8-6 所示的图像。其中：左上图是原始图像；右上图是直方图均衡化后的图像；左下图是原始图像的直方图；右下图是经过直方图均衡化后的图像的直方图。

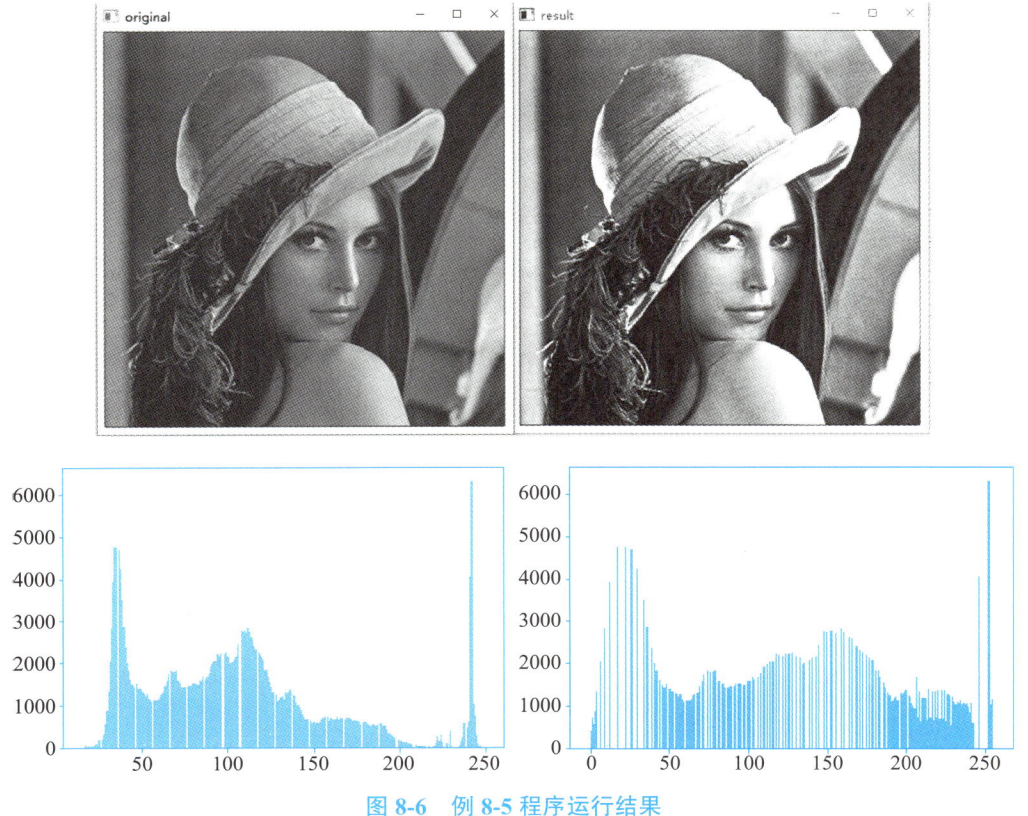

图 8-6　例 8-5 程序运行结果

思考与练习

1. 编写程序，读取一幅图像，计算并显示其直方图。
2. 为什么在一般情况下对离散图像的直方图均衡化并不能产生完全平坦的直方图？
3. 编写程序，读取一幅图像，对其进行直方图均衡化，并绘制均衡化处理前后的直方图。

第 9 章 绘制图形

OpenCV 提供了方便的绘图功能，使用其中的绘图函数可以绘制直线、矩形、圆形、椭圆形等多种几何图形，还能在图像的指定位置添加文字说明。

OpenCV 提供了绘制直线的函数 cv2.line()、绘制矩形的函数 cv2.rectangle()、绘制圆形的函数 cv2.circle()、绘制椭圆形的函数 cv2.ellipse()、绘制多边形的函数 cv2.polylines()、在图像内添加文字的函数 cv2.putText() 等多种绘图函数，下面对这些函数进行介绍。

9.1 绘制直线

OpenCV 提供了 cv2.line() 函数来绘制直线（线段），该函数的语法格式为：

```
img=cv2.line( img,pt1,pt2,color[,thickness[,lineType ]])
```

其中：
- img 表示在其上面绘制图形的载体图像（绘图的容器载体，也称为画布、画板）。
- color 表示绘制形状的颜色。通常使用 BGR 模型表示颜色，例如，(0，255，0) 表示绿色。对于灰度图像，只能传入灰度级。需要注意，颜色通道的顺序是 B → G → R，而不是 R → G → B。
- thickness 表示线条的粗细。默认值是 1，如果设置为 -1，就表示填充图形（绘制的图形是实心的）。
- lineType：线条的类型，默认是 8 连接类型。常见参数类型有：
  ① cv2.FILLED：填充；
  ② cv2.LINE_4：4 连接类型；
  ③ cv2.LINE_8：8 连接类型；
  ④ cv2.LINE_AA：抗锯齿，该参数会让线条更平滑。

【例 9-1】使用 cv2.line() 函数在一个背景图像内绘制不同的线段。

根据题目要求，编写程序如下：

```
import cv2
n = 400
img = cv2.imread("lena.bmp")
img = cv2.line(img, (0, 0), (n, n), (255, 0, 0), 3)
img = cv2.line(img, (0, 100), (n, 100), (0, 255, 0), 1)
img = cv2.line(img, (100, 0), (100, n), (0, 0, 255), 6)
cv2.imshow("img", img)
cv2.waitKey()
cv2.destroyAllWindows()
```

以上程序运行结果如图 9-1 所示。该程序在图像 img 中使用 cv2.line() 函数绘制了三条不同起始点、颜色和粗细的直线。

图 9-1 例 9-1 程序运行结果

9.2 绘制矩形

OpenCV 提供了 cv2.rectangle() 函数来绘制矩形，该函数的语法格式为：

```
img=cv2.rectangle(img,pt1,pt2,color[,thickness[,lineType]])
```

其中：
- 参数 img、color、thickness、lineType 的含义与前面的说明相同。
- pt1 为矩形顶点。
- pt2 为矩形中与 pt1 对角的顶点。

【例 9-2】使用 cv2.rectangle() 函数在一个背景图像内绘制一个实心矩形。

根据题目要求，编写程序如下：

```
import cv2
n = 300
img = cv2.imread("lena.bmp")
img = cv2.rectangle(img, (50, 50), (n-100, n-50), (0, 0, 255), -1)
cv2.imshow("img", img)
cv2.waitKey()
cv2.destroyAllWindows()
```

以上程序运行结果如图 9-2 所示。该程序在图像 img 中绘制了一个实心矩形。

图 9-2 例 9-2 程序运行结果

9.3 绘制圆形

OpenCV 提供了 cv2.circle() 函数来绘制圆形，该函数的语法格式为：

```
img=cv2.circle(img, center, radius, color[,thickness[,lineType]])
```

其中：
- 参数 img、color、thickness、lineType 的含义与前面的说明相同。
- center 为圆心。
- radius 为半径。

【例 9-3】使用 cv2.circle() 函数在一个背景图像内绘制一组同心圆。

根据题目的要求，编写程序如下：

```
import cv2
d = 400
```

```
img = cv2.imread("lena.bmp")
(centerX, centerY) = (round(img.shape[1]/2), round(img.shape[0]/2))
Red = (0, 0, 255)
for r in range(5, round(d/2), 12):
    cv2.circle(img, (centerX, centerY), r, red, 3)
cv2.imshow("img", img)
cv2.waitKey()
cv2.destroyAllWindows()
```

以上程序运行结果如图 9-3 所示。该程序在图像 img 中绘制了多个同心圆。

图 9-3　例 9-3 程序运行结果

9.4　绘制椭圆形

OpenCV 提供了 cv2.ellipse() 函数来绘制椭圆形，该函数的语法格式为：

```
img=cv2.ellipse(img, center, axes, angle, startAngle, endAngle, color[, thickness[, lineType]])
```

其中：
- 参数 img、color、thickness、lineType 的含义与前面的说明相同。
- center 为椭圆形的圆心坐标。
- axes 为轴的长度。
- angle 为偏转的角度。
- startAngle 为圆弧起始角的角度。
- endAngle 为圆弧终结角的角度。

【例 9-4】使用 cv2.ellipse() 函数在一个背景图像内随机绘制一组空心椭圆。

根据题目的要求，编写程序如下：

```python
import numpy as np
import cv2
d = 400
img = cv2.imread("lena.bmp")
center = (round(img.shape[1]/2), round(img.shape[0]/2))
size = (100, 200)
for i in range(0, 10):
    angle = np.random.randint(0, 361)
    color = np.random.randint(0, high=256, size =(3, )).tolist()
    thickness = np.random.randint(1, 9)
    cv2.ellipse(img, center, size, angle, 0, 360, color, thickness)
cv2.imshow("img", img)
cv2.waitKey()
cv2.destroyAllWindows()
```

以上程序运行结果如图 9-4 所示。该段程序在图像 img 中使用 cv2.ellipse() 函数绘制了一组随机的空心椭圆。

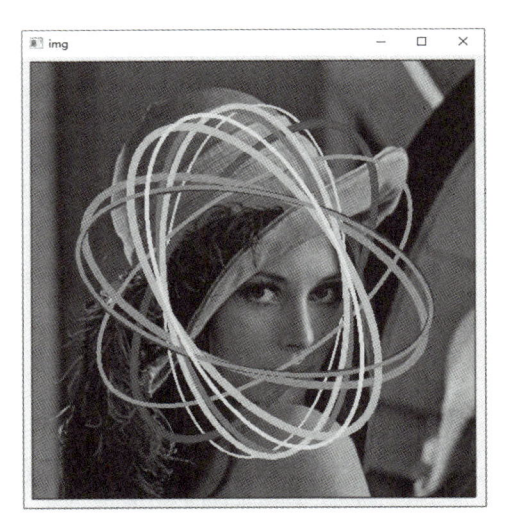

图 9-4　例 9-4 程序运行结果

9.5　绘制多边形

OpenCV 提供了 cv2.polylines() 函数来绘制多边形，该函数的语法格式为：

```
img=cv2.polylines(img, pts, isclosed, color[, thickness[, lineType[, shift]]])
```

其中：
- 参数 img、color、thickness 和 lineType 的含义如前面的说明所示。
- shift 为顶点坐标中小数的位数。
- pts 为多边形的各个顶点。
- isclosed 为闭合标记，用来标示多边形是否是封闭的。若该值为 True，则将最后一个点与第一个点连接，让多边形闭合；否则，仅仅将各个点依次连接起来，构成一条曲线。

在使用 cv2.polylines() 函数绘制多边形时，需要给出每个顶点的坐标。这些顶点的坐标构建了一个大小等于"顶点个数×1×2"的数组，这个数组的数据类型必须为 numpy.int32。

【例 9-5】使用 cv2.polylines() 函数在背景图像内绘制一个多边形。

根据题目的要求，编写程序如下：

```
import numpy as np
import cv2
img = cv2.imread("lena.bmp")
pts = np.array([[200, 50], [300, 200], [200, 350], [100, 200]], np.int32)
# 生成各个顶点，注意数据类型为 int32
pts = pts.reshape((-1, 1, 2))
# 第1个参数为-1，表明它未设置具体值，它所表示的维度值是通过其他参数值计算得到的
cv2.polylines(img, [pts], True, (0, 255, 0), 8)
# 调用 cv2.polylines() 函数完成多边形的绘制。注意，第三个参数控制多边形是否封闭
cv2.imshow("img", img)
cv2.waitKey()
cv2.destroyAllWindows()
```

以上程序运行结果如图 9-5 所示。该段程序在图像 img 中使用 cv2.polylines() 函数绘制了一个封闭的多边形。

图 9-5　例 9-5 程序运行结果

9.6 在图像内添加（绘制）文字

OpenCV 提供了 cv2.putText() 函数来在图像上添加（绘制）文字，该函数的语法格式为：

```
img = cv2.putText(img, text, org, fontFace, fontScale, color[,thickness[,lineType[,bottomLeftOrigin]]])
```

其中：
- 参数 img、color、thickness 和 lineType 的含义与前面的说明相同。
- text 为要绘制的字体。
- org 为绘制字体的位置，特别注意，这里以文字的左下角为起点。
- fontFace 表示字体类型，一般采用默认值 FONT_HERSHEY_SIMPLEX。
- fontScale 表示字体大小。
- bottomLeftOrigin 用于控制文字的方向。默认值为 False，当设置为 True 时，文字是垂直镜像的效果。

【例 9-6】使用 cv2.putText() 函数在一个背景图像内绘制文字。

根据题目的要求，编写程序如下：

```
import numpy as np
import cv2
img = cv2.imread("lena.bmp")
font = cv2.FONT_HERSHEY_SIMPLEX
cv2.putText(img, 'Lena', (0, 200), font, 3, (0, 255, 0), 15)
cv2.putText(img, 'Lena', (0, 200), font, 3, (0, 0, 255), 5)
cv2.imshow("img", img)
cv2.waitKey()
cv2.destroyAllWindows()
```

以上程序运行结果如图 9-6 所示。该段程序在图像 img 中使用 cv2.putText() 函数绘制了文字 "Lena"。在上述程序中，第 1 次调用 cv2.putText() 函数绘制了一个宽度（由参数 thickness 控制）为 15 的文字 "Lena"，第 2 次调用 cv2.putText() 函数时，在第 1 次绘制的 "Lena" 的内部绘制了一个稍细的宽度为 5 的 "Lena"。因为两次使用的颜色不一样，所以实现了文字的 "描边" 效果。

图 9-6 例 9-6 程序运行结果

思考与练习

1. 编写程序，利用绘制线段函数，在一幅图像上绘制一个三角形。
2. 编写程序，利用多边形绘制函数，在一幅图像上绘制一个三角形。
3. 编写程序，在一幅图像上绘制圆形，并在圆形中绘制文字。

第 10 章　图像金字塔

扫一扫
看微课

　　图像金字塔是由一幅图像的多个不同分辨率的子图所构成的图像集合。图像金字塔最初用于计算机视觉和图像压缩，一个图像金字塔是一系列以金字塔形状排列的、分辨率逐步降低的图像集合。最小的图像可能仅有一个像素点。本章将介绍图像金字塔的相关知识。

10.1　图像金字塔简介

　　如图 10-1 所示，该图像金字塔包括了 4 层图像，将这一层一层的图像比喻成金字塔。图像金字塔可以通过梯次向下取样获得，直到达到某个终止条件才停止取样，在向下取样中，层级越高，则图像越小，分辨率越低。

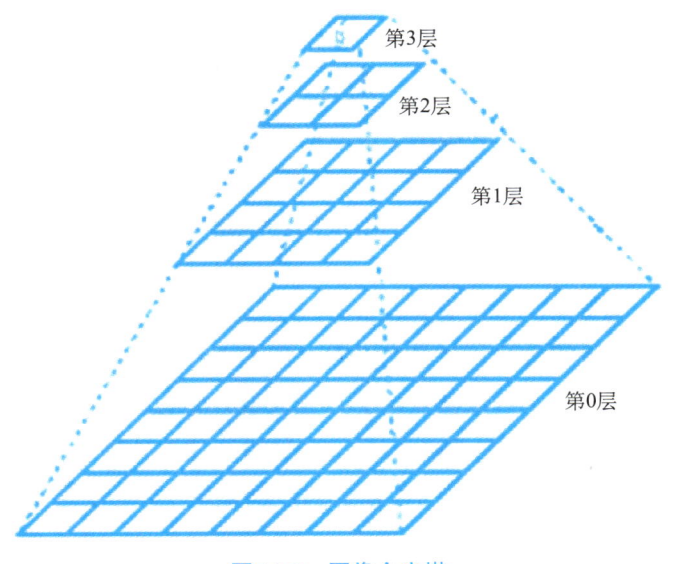

图 10-1　图像金字塔

　　通常情况下，图像金字塔的底部是待处理的高分辨率图像（原始图像），而顶部则为其低分辨率的近似图像。向金字塔的顶部移动时，图像的尺寸和分辨率都不断地降低。通常情况下，每向上移动一级，图像的宽和高都降低为原来的$\frac{1}{2}$。

如图 10-2 所示，生成图像金字塔主要包括两种方式：向下取样和向上取样。（注意，此处的向上、向下是指图像分辨率从大到小或从小到大。）

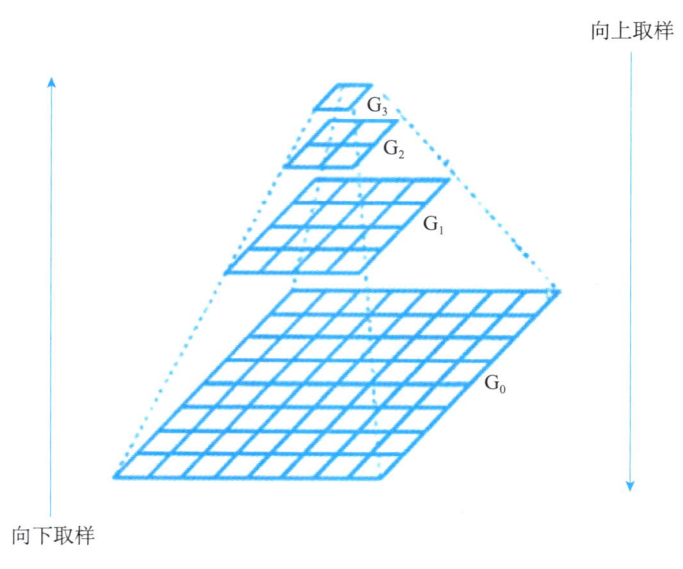

图 10-2　图像金字塔取样

向下取样，即由高分辨率的图像（大尺寸）产生低分辨率的近似图像（小尺寸）。向上取样则相反，即由低分辨率的图像（小尺寸）产生高分辨率的近似图像（大尺寸）。

在图像向下取样中，先对原始图像滤波，得到原始图像的近似图像，其大小是 $N \times N$，删除其偶数行和偶数列后得到一幅（$N/2$）×（$N/2$）大小的图像。经过上述处理后，图像大小变为原来的$\frac{1}{4}$，不断地重复该过程，就可以得到该图像的图像金字塔。例如，高斯金字塔是通过不断地使用高斯滤波、向下取样所产生的。

在向上取样的过程中，通常将图像的宽度和高度都变为原来的 2 倍。这意味着，向上取样的结果图像的大小是原始图像的 4 倍。因此，要在结果图像中补充大量的像素点。对新生成的像素点进行赋值，称为插值处理，该过程可以通过多种方式实现，如最临近插值就是用最近的像素点给当前还没有值的像素点赋值。

有一种常见的向上取样方式，对像素点以补零的方式完成插值。通常是在每列像素点的右侧插入值为零的列，在每行像素点的下方插入值为零的行。接下来，使用向下取样方式时所用的高斯滤波器（高斯核）对补零后的图像进行滤波处理，以获取向上取样的结果图像。但是需要注意，此时图像中$\frac{3}{4}$的像素点的值都是零。所以，要将高斯滤波器系数乘以 4，以保证得到的像素值范围在其原有像素值范围内。

或者，从另一个角度理解，在原始图像内每个像素点的右侧列插入零值列，在每个像素点的下一行插入零值行，将图像变为原来的 2 倍宽、2 倍高。接下来，将补零后的图像用向下取样时所使用的高斯滤波器进行卷积运算。最后，将图像内每个像素点的值乘以 4，以保证像素值的范围与原始图像的一致。

通过以上分析可知，向上取样和向下取样是相反的两种操作。但是，由于向下取样会丢失像素值，所以这两种操作并不是可逆的。也就是说，对一幅图像先向上取样，再向下取样，是无法恢复其原始状态的；同样，对一幅图像先向下取样，再向上取样也无法恢复到原始状态。

10.2　cv2.pyrDown() 函数及使用

OpenCV 提供了 cv2.pyrDown() 函数，用于实现图像高斯金字塔操作中的向下取样，其语法格式为：

```
dst=cv2.pyrDownsrc[, dstsize[, borderType]])
```

其中：
- dst 为目标图像。
- src 为原始图像。
- dstsize 为目标图像的大小。
- borderType 为边界类型，默认值为 BORDER_DEFAULT，且这里仅支持 BORDER_DEFAULT 类型。

默认情况下，输出图像的大小为 size((src.cols+1)/2,(src.rows+1)/2)。在任何情况下，图像尺寸必须满足如下条件：

| dst.width × 2-src.cols|≤2

| dst.height × 2-src.rows|≤2

cv2.pyrDown() 函数首先对原始图像进行高斯滤波变换，以获取原始图像的近似图像。在获取近似图像后，该函数通过删除偶数行和偶数列来实现向下取样。

【例 10-1】使用 cv2.pyrDown() 函数对一幅图像进行向下取样，观察取样的结果。

根据题目要求，编写程序如下：

```
import cv2
img = cv2.imread("lena.bmp", cv2.IMREAD_GRAYSCALE)
r1 = cv2.pyrDown(img)
r2 = cv2.pyrDown(r1)
r3 = cv2.pyrDown(r2)
print("img.shape=", img.shape)
print("r1.shape=", r1.shape)
print("r2.shape=", r2.shape)
print("r3.shape=", r3.shape)
```

```
cv2.imshow("original", img)
cv2.imshow("r1", r1)
cv2.imshow("r2", r2)
cv2.imshow("r3", r3)
cv2.waitKey()
cv2.destroyAllWindows()
```

本例使用 cv2.pyrDown() 函数进行了 3 次向下取样，并且用 print() 函数输出了每次取样结果图像的大小。cv2.imshow() 函数显示了原始图像和经过 3 次向下取样后得到的结果图像。

程序运行后，会显示如下结果：

```
img.shape= (512, 512)
r1.shape= (256, 256)
r2.shape= (128, 128)
r3.shape= (64, 64)
```

从上述结果可知，经过向下取样后，图像的行和列的数量都会变为原来的 $\frac{1}{2}$，图像整体的大小会变为原来的 $\frac{1}{4}$。程序还会显示如图 10-3 所示的图像，图像的大小就是上述输出结果所显示的大小。

图 10-3　例 10-1 程序运行结果

10.3　cv2.pyrUp() 函数及使用

在 OpenCV 中，使用 cv2.pyrUp() 函数实现图像金字塔操作中的向上取样，其语法格式如下：

```
dst=cv2.pyrUp(src[, dstsize[, borderType]])
```

其中：
- dst 为目标图像。
- src 为原始图像。
- dstsize 为目标图像的大小。
- borderType 为边界类型，默认值为 BORDER_DEFAULT，且这里仅支持 BORDER_DEFAULT 类型。

默认情况下，目标图像的大小为 size(src.cols × 2,src.rows × 2)。在任何情况下，图像尺寸需要满足下列条件：

| dst.width-src.cols × 2 | ≤ mod(dst.width,2)

| dst.height-src.rows × 2 | ≤ mod(dst.height,2)

对图像向上取样时，在每个像素点的右侧、下方分别插入零值列和零值行，得到一个偶数行、偶数列（新增的行、列）都是零值的新图像。接下来，使用向下取样时所使用的高斯滤波器对新图像进行滤波，得到向上取样的结果图像。需要注意的是，为了确保像素值范围间在向上取样后与原始图像保持一致，需要将高斯滤波器的系数乘以 4。

【例 10-2】使用 cv2.pyrUp() 函数对一幅图像进行向上取样，观察取样的结果。

根据题目要求，编写程序如下：

```
import cv2
img = cv2.imread("lena-small.bmp", cv2.IMREAD_GRAYSCALE)
r1 = cv2.pyrUp(img)
r2 = cv2.pyrUp(r1)
r3 = cv2.pyrUp(r2)
print("img.shape=", img.shape)
print("r1.shape=", r1.shape)
print("r2.shape=", r2.shape)
print("r3.shape=", r3.shape)
cv2.imshow("original", img)
cv2.imshow("r1", r1)
cv2.imshow("r2", r2)
cv2.imshow("r3", r3)
cv2.waitKey()
cv2.destroyAllWindows()
```

本例使用 cv2.pyrUp() 函数对图像进行了 3 次向上取样。取样后，使用 print() 函数输出了每次取样结果图像的大小，使用 cv2.imshow() 函数显示了原始图像和 3 次向上取样后的结果图像。程序运行后，会输出如下结果：

```
img.shape= (64, 64)
r1.shape= (128, 128)
r2.shape= (256, 256)
r3.shape= (512, 512)
```

从上述输出结果可知，经过向上取样后，图像的宽度和高度都会变为原来的 2 倍，图像整体大小会变为原来的 4 倍。

程序还会显示如图 10-4 所示图像，图像大小就是上述输出结果所显示的大小。

图 10-4 例 10-2 程序运行结果

虽然一幅图像在先后经过向下取样、向上取样后，会恢复为原始大小，但是向上取样和向下取样不是互逆的。也就是说，虽然在经历两次取样操作后，得到的结果图像与原始图像的大小一致，肉眼看起来也相似，但是二者的像素值并不是一致的。

10.4 拉普拉斯金字塔

前面我们介绍了高斯金字塔，高斯金字塔是通过对一幅图像一系列的向下取样所产生的。有时，我们希望通过对金字塔中的小图像进行向上取样以获取完整的大尺寸高分辨率图像，这时就需要用到拉普拉斯金字塔。

一幅图像在经过向下取样后，再对其进行向上取样，是无法恢复为原始状态的。对此，我们也用程序进行了验证，向上取样并不是向下取样的逆运算。这是很明显的，因为向下取样时在使用高斯滤波器处理后还要抛弃偶数行和偶数列，不可避免地要丢失一些信息。为了在向上取样时能够恢复具有较高分辨率的原始图像，就要获取在取样过程中所丢失的信息，这些丢失的信息就构成了拉普拉斯金字塔。

拉普拉斯金字塔的定义形式为：

$$L_i = G_i - \text{pyrUp}(G_{i+1})$$

式中：

- L_i 表示拉普拉斯金字塔中的第 i 层。

- G_i 表示高斯金字塔中的第 i 层。

拉普拉斯金字塔中的第 i 层，等于"高斯金字塔中的第 i 层"与"高斯金字塔中的第 $i+1$ 层的向上取样结果"之差。

图 10-5 展示了高斯金字塔和拉普拉斯金字塔的对应关系。

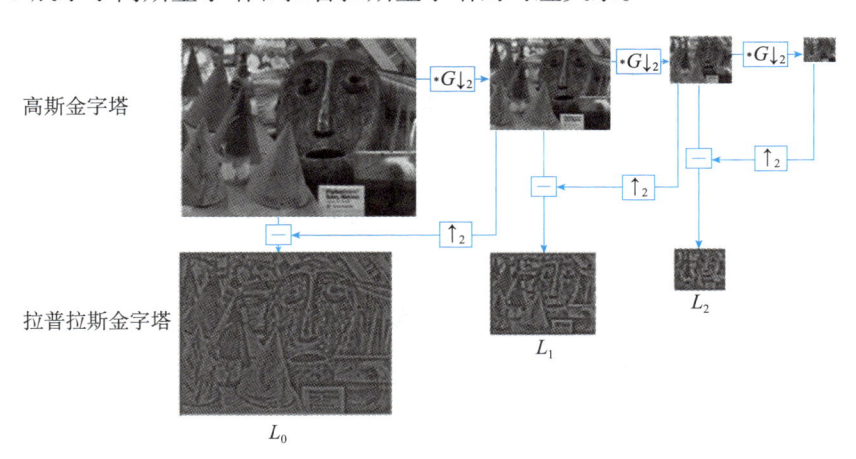

图 10-5 拉普拉斯金字塔

【例 10-3】使用 cv2.pyrDown() 和 cv2.pyrUp() 函数构造拉普拉斯金字塔。

根据题目要求，编写程序如下：

```
import cv2
img = cv2.imread("lena.bmp", 0)
G0 = img
G1 = cv2.pyrDown(G0)
G2 = cv2.pyrDown(G1)
G3 = cv2.pyrDown(G2)
L0 = G0 - cv2.pyrUp(G1)
L1 = G1 - cv2.pyrUp(G2)
L2 = G2 - cv2.pyrUp(G3)
print("L0.shape=", L0.shape)
print("L1.shape=", L1.shape)
print("L2.shape=", L2.shape)
cv2.imshow("L0", L0)
cv2.imshow("L1", L1)
cv2.imshow("L2", L2)
cv2.waitKey()
cv2.destroyAllWindows()
```

程序运行后，会输出如下运行结果：

```
L0.shape= (512, 512)
L1.shape= (256, 256)
```

```
L2.shape= (128, 128)
```

程序还会显示如图 10-6 所示的图像。

图 10-6 例 10-3 程序运行结果

拉普拉斯金字塔的作用在于，能够恢复高分辨率的图像。

【例 10-4】编写程序，使用拉普拉斯金字塔及高斯金字塔恢复原始图像。

根据题目要求，编写程序如下：

```
import cv2
import numpy as np
img = cv2.imread("lena.bmp", 0)
G1 = cv2.pyrDown(img)
L0 = img - cv2.pyrUp(G1)
R0 = L0+cv2.pyrUp(G1)
print("img.shape=", img.shape)
print("R0.shape=", R0.shape)
result = R0 - img
result = abs(result)
print("原始图像与恢复图像 R0 之差的绝对值和：", np.sum(result))
```

程序运行后，会输出如下运行结果：

```
img.shape= (512, 512)
R0.shape= (512, 512)
原始图像与恢复图像 R0 之差的绝对值和：0
```

从程序运行结果可以看到，原始图像与恢复图像差值的绝对值和为 0。这说明使用拉普拉斯金字塔恢复的图像与原始图像完全一致。

思考与练习

1. 一幅原始尺寸为 512 像素 ×512 像素的图像，最多可以生成多少层的图像金字塔？

2. 编写程序，使用 cv2.pyrDown() 函数对一幅图像进行向下取样至原始大小的 $\frac{1}{16}$，并显示出来。

3. 编写程序，使用 cv2.pyrUp() 函数对一幅图像进行向上取样至原始大小的 8 倍，并显示出来。

第 11 章 图像特征检测算法

OpenCV 可以检测图像的主要特征，然后提取这些特征，使其成为图像描述符（descriptor），这类似人的眼睛与大脑。这些图像特征可作为图像搜索的数据库。此外，人们可以利用关键点将图像拼接起来，组成一个更大的图像（如将许多照片放在一起，然后形成一个 360° 的全景图像）。

那么，什么是图像特征呢？为什么一幅图像的某个特定区域可以作为一个特征，而其他区域不能呢？粗略地讲，特征就是有意义的图像区域，该区域具有独特性或易于识别性。例如，角点及高密度区域是很好的特征，而大量重复的模式或低密度区域（如图像中的蓝色天空）则不是好的特征。边缘可以将图像分为两个区域，因此也可以看作好的特征。斑点（与周围有很大差别的图像区域）也是有意义的特征。大多数特征检测算法都会涉及图像的角点、边和斑点的识别，也有一些涉及脊向（ridge）的概念，可以认为脊向是细长物体的对称轴（例如，识别图像中的一条路）。由于某些算法在识别和提取某种类型特征的时候有较好的效果，所以掌握输入图像的概念很重要，这样做有利于选择最合适的 OpenCV 工具包。

目前，在计算机视觉领域中有许多用于特征检测和提取的算法，本章将对主要的特征检测和提取算法进行介绍。OpenCV 中最常使用的特征检测和提取算法有以下几个。

Harris：该算法用于检测角点。
SIFT：该算法用于检测斑点。
SURF：该算法用于检测斑点。
FAST：该算法用于检测角点。
BRIEF：该算法用于检测斑点。
ORB：该算法代表带方向的 FAST 算法与具有旋转不变性的 BRIEF 算法。

11.1 Harris 角点检测

Harris 角点检测算法是于 1988 年由 Chris Harris&Mike Stephens 提出来的。角点检测算法的思想其实特别简单，在图像上取一个"滑动窗口"，不断地移动这个窗口并检测窗口中的像素点变化情况 E。像素点变化情况 E 可简单分为以下 3 种：
- 如果在窗口中的图像是平坦的，那么 E 的变化不大；
- 如果在窗口中的图像是一条边，那么在沿着这条边滑动窗口时 E 的变化不大，而在沿垂直于这条边的方向滑动窗口时，E 的变化会很大；
- 如果在窗口中的图像是一个角点，窗口沿着任何方向移动 E 的值都会发生很大变化。

其算法流程如下：

（1）原图像 I 使用窗口 w（x,y）进行卷积，并计算图像的梯度 I_x 和 I_y，Harris 角点检测使用 Sobel 算子进行边缘检测；

（2）计算每个图像像素点的自相关矩阵 M；

（3）计算角点响应值 R；

（4）选择 R 大于某一阈值的点作为角点；

（5）根据需要在图像区域内进行角点的非极大值抑制。

Harris 角点检测算法具有以下特性。

（1）旋转不变性：Harris 角点检测算法使用的是角点附近的区域灰度二阶矩阵。而二阶矩阵可以表示成一个椭圆，椭圆的长短轴正是二阶矩阵特征值平方根的倒数。当椭圆转动时，特征值并不发生变化，所以判断角点响应值 R 也不发生变化，由此说明 Harris 角点检测算法具有旋转不变性。

（2）光照不变性、对比度变化部分不变性：这是因为在进行 Harris 角点检测时，使用了微分算子对图像进行微分运算，而微分运算对图像密度的拉升或收缩和对亮度的抬高或下降不敏感。换言之，对亮度和对比度的仿射变换并不改变 Harris 响应的极值点出现的位置，但是，由于阈值的选择，可能会影响角点检测的数量。

OpenCV 提供了 cornerHarris() 函数来检测角点，其语法格式如下：

```
dst=cv2.cornerHarris(src, blockSize, ksize, k, borderType)
```

其中：
- dst 是返回值，表示进行角点检测后得到的处理结果。
- src 是需要处理的图像，即原始图像。
- blockSize 是滑动窗口的大小。
- ksize 是 Sobel 边缘检测滤波核的大小。滤波核大小是指在滤波处理过程中其邻域图像的高度和宽度。需要注意，滤波核的值必须是奇数。
- k 是 Harris 的中间参数，经验值为 0.04~0.06。
- borderType 是边界样式，该值决定了以何种方式处理边界。一般情况下，不需要考虑该值，直接采用默认值即可。

【例 11-1】对图像进行 Harris 角点检测。

根据题目要求，编写程序如下：

```
import cv2
import numpy as np
filename = 'qipan.jpg'
img = cv2.imread(filename)
gray = cv2.cvtColor(img, cv2.COLOR_BGR2GRAY)  # 灰度化
gray = np.float32(gray)  # Int 型编程 float32 的类型
dst = cv2.cornerHarris(gray, 2, 3, 0.04)
det = cv2.dilate(dst, None)
img[dst > 0.01 * dst.max()] = [0, 0, 255]  #BGR 通道（标注成红色角点）
cv2.namedWindow('image', cv2.WINDOW_NORMAL)
cv2.imshow('image', img)
cv2.waitKey(0)
cv2.destroyAllWindows()
```

以上程序运行结果如图 11-1 所示。

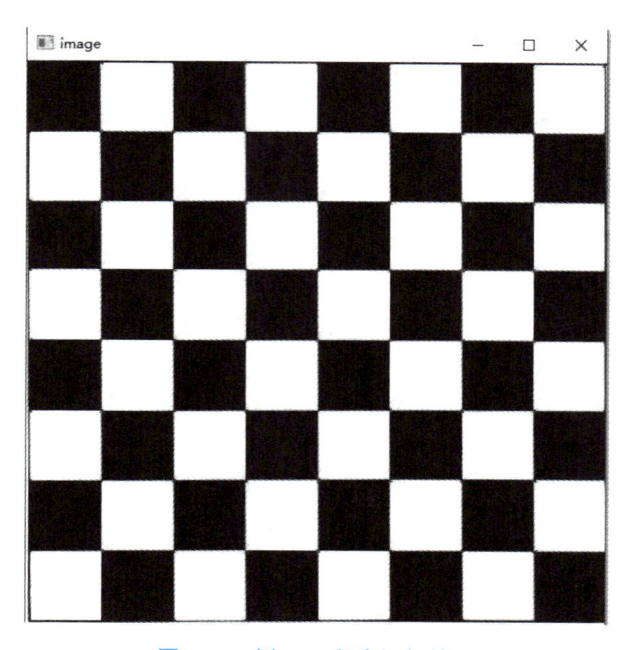

图 11-1 例 11-1 程序运行结果

11.2 SIFT 特征

SIFT 是 Scale-invariant Feature Transform 的缩写，中文含义是尺度不变特征变换。此方法由 David Lowe 于 1999 年提出。由于在此之前的目标检测算法对图片的大小、旋转非常敏感，而 SIFT 算法是一种基于局部兴趣点的算法，因此不仅对图片大小和旋转不敏感，而且对光照、噪声等影响的抗击能力也非常优秀，因此，该算法在性能和适用范围方面比

之前的算法有质的改变。这使得该算法相比之前的算法有明显的优势，所以，一直以来它都在目标检测和特征提取方面占据着重要的地位。

特征点检测主要分为如下两个部分。

（1）候选关键点：在各种合理的假设下，高斯函数被认为是唯一可能的尺度空间核。因此，图像的尺度空间被定义为函数，它是由一个可变尺度的高斯核和输入图像生成的。为了有效检测尺度空间中稳定的极点，Lowe 于 1999 年提出在高斯差分函数（DOG）中使用尺度空间极值与图像做卷积，这可以通过由常数乘法因子分隔的两个相邻尺度的差来计算。由于平滑区域临近像素之间变化不大，但是在边、角、点这些特征较丰富的地方变化较大，因此通过 DOG 比较临近像素可以检测出候选关键点。

（2）关键点定位：检测出候选关键点之后，下一步就是通过拟合精确的模型来确定位置和尺度。2002 年 Brown 提出了一种用 3D 二次函数拟合局部样本点，来确定最大值的插值位置，实验表明，这使得匹配性和稳定性得到了实质的改进。他的具体方法是对函数进行泰勒展开。极值点的偏移量范围为 0~1，如果偏移量在任何一个维度上大于 0.5 时，就认为插值中心已经偏移到它的邻近点上，所以需要改变当前关键点的位置，同时在新的位置上重复采用插值直到收敛为止。如果超出预先设定的迭代次数或者超出图像的边界，就删除这个点。

SIFT 的内容和价值并不在于特征点的检测，而是特征描述思想，这是它的核心所在，特征点描述主要包括两点：方向分配和局部特征描述。

根据图像的图像，可以为每个关键点指定一个基准方向，可以根据这个指定方向表示关键点的描述符，从而实现了图像的旋转不变性。关键点的尺度用于选择尺度最接近的高斯平滑图像，使得计算以尺度不变的方式执行，对每个图像，分别计算它的梯度幅值和梯度方向。然后，使用方向直方图统计关键点邻域内的梯度幅值和梯度方向。将 0°~360° 划分成 36 个区间，每个区间为 10°，统计得出的直方图峰值代表关键点的主方向。

通过前面的一系列操作，已经获得每个关键点的位置、尺度、方向，接下来要做的就是用已知特征向量将它描述出来，这是图像特征提取的核心部分。为了避免对光照、视角等因素的敏感性，需要特征描述不仅要包含关键点，还要包含它的邻域信息。

如图 11-2 所示，SIFT 使用的特征描述以检测得到的关键点为中心，选择一个 16 像素 × 16 像素的邻域，然后把这个邻域再划分为 4 像素 ×4 像素的子区域，再将梯度方向划分成 8 个区间，这样在每个子区域内会得到一个 4×4×8=128 维的特征向量，向量元素大小为每个梯度方向区间权值。提出特征向量后要对邻域的特征向量进行归一化，归一化的方向是计算邻域关键点的主方向，并将邻域旋转至特定方向，这样就使得特征具有旋转不变性。最后根据邻域内各像素的大小把邻域缩放到指定尺度，进一步使得特征描述具有尺度不变性。

图像梯度 　　　　　　　　　　　　　特征描述

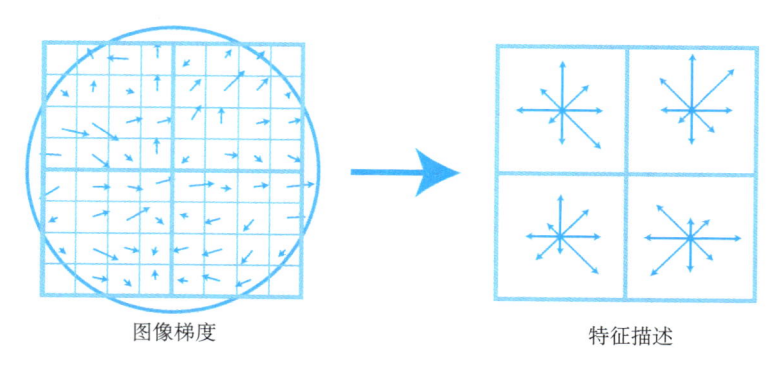

图 11-2　SIFT 特征描述

OpenCV 提供了以下函数进行 SIFT 特征检测和描述。

```
sift=cv2.xfeatures2d.SIFT_create() 实例化
```

参数说明：sift 为实例化的 SIFT 函数。

```
kp=sift.detect(gray, None) 找出图像中的关键点
```

参数说明：kp 表示生成的关键点，gray 表示输入的灰度图。

```
kp, des=sift.compute(kp) 计算关键点对应的 SIFT 特征向量 des
```

另外，OpenCV 还提供了在图像中画出特征点的方法，其语法格式如下：

```
ret=cv2.drawKeypoints(gray, kp, img)
```

参数说明：gray 表示输入图片，kp 表示关键点，img 表示输出的特征向量图片。

【例 11-2】对图像进行 SIFT 特征检测。

根据题目要求，编写程序如下：

```python
import numpy as np
import cv2
img = cv2.imread('lena.bmp')
gray = cv2.cvtColor(img, cv2.COLOR_BGR2GRAY)
sift = cv2.xfeatures2d.SIFT_create()
# 找出关键点
kp = sift.detect(gray, None)
# 对关键点进行绘图
ret = cv2.drawKeypoints(gray, kp, img)
cv2.imshow('ret', ret)
cv2.waitKey(0)
cv2.destroyAllWindows()
# 使用关键点找出 SIFT 特征向量
```

```
kp, des = sift.compute(gray, kp)
print(np.shape(kp))
print(np.shape(des))
print(des[0])
```

运行该程序，会输出以下信息：

```
(1271,)
(1271, 128)
[  0.   0.  11.  14.   9.   0.   0.   0.  97.  15.   3.  16.  64.   0.
   0.   0. 173.  44.   0.   1.   3.   0.   0.   0.  25.   3.   0.   0.
   0.   0.   0.   0.   0.   0.  54.  24.   2.   0.  18.   2.  92.  18.
  21.  53.  35.   4.  34.  23. 173.  50.   2.   3.   2.   0.   6.  44.
  46.   4.   0.   0.   0.   0.   2.   0.   0.  13.   4.   0.   0.   1.
 173.  45.  19.   1.   4.   7.   3.   5. 173. 124. 145.   2.   0.   0.
   0.   0.  89. 173.  23.   0.   0.   0.   0.   0.   0.  10.   0.   0.
   0.   0.   0.   0. 109.  15.   0.   0.   0.   0.   0.   0.  96.  19.
   1.   0.   0.   0.   0.  27.  21.   0.   0.   0.   0.   0.   0.   0.
   0.   2.]
```

以上信息表示在该图中检测到 1271 个 SIFT 特征，每个特征的维度为 128，并且显示了第一个 SIFT 特征的特征向量。图 11-3 显示了 SIFT 特征的检测结果。

图 11-3　例 11-2 程序运行结果

11.3　SURF 特征

SURF（Speeded Up Robust Features，加速版的具有鲁棒性的特征）是尺度不变特征变换算法（SIFT 算法）的加速版。SURF 最大的特征在于采用了 haar 特征及积分图像的概念。SURF 算法的执行步骤如下。

1. 通过构建 Hessian 矩阵来构造高斯金字塔尺度空间

SIFT 算法采用 DOG 图像，而 SURF 算法采用 Hessian 矩阵（SURF 算法核心）行列式近似值图像。在数学中，Hessian 矩阵是一个由自变量为向量的实值函数的二阶偏导数组成的方块矩阵，即每个像素点都可以求出一个 2×2 的 Hessian 矩阵，可计算出其行列式 det(H)，可以利用行列式取值的正负来判别该像素点是或不是极值点来将所有像素点分类。在 SURF 算法中，选用二阶标准高斯函数作为滤波器，通过特定核间的卷积计算二阶偏导数，从而计算出 Hessian 矩阵，但是由于特征点需要具备尺度无关性，所以在进行 Hessian 矩阵构造前，需要对其进行高斯滤波，即与以方差为自变量的高斯函数的二阶导数进行卷积。通过这种方法可以为图像中每个像素计算出其 H 的行列式的决定值，并用这个值来判别特征点。

如上面所述，我们只是得到了一张近似 Hessian 的行列式图，类似 SIFT 算法中的 DOG 图。但是在金字塔图像中分为很多层，每层称为一个 octave，每个 octave 中又有几个尺度不同的图像。在 SIFT 算法中，同一个 octave 中的图像尺寸（大小）相同，但是尺度（模糊程度）不同，而不同的 octave 中的图像尺寸也不相同，因为它是由将上一层图片取样得到的。在进行高斯模糊时，SIFT 算法的高斯模板大小是始终不变的，只是在不同的 octave 之间改变图像的大小。而在 SURF 算法中，图像的大小是一直不变的，不同 octave 的待检测图像是改变高斯模糊尺寸大小得到的。当然，同一个 octave 中不同图像用到的高斯模板尺寸也不同。SURF 算法允许尺度空间中的多层图像同时被处理，不需要对图像进行二次抽样，从而提高算法性能。

2. 利用非极大值抑制初步确定特征点

此步骤和 SIFT 算法中的步骤类似，将经过 Hessian 矩阵处理过的每个像素点与其三维邻域的 26 个像素点进行比较，如果它是这 26 个像素点中的最大值或最小值，就保留，作为初步的特征点。在检测过程中使用与该尺度层图像解析度对应大小的滤波器进行检测。

3. 精确定位极值点

该步骤也和 SIFT 算法中的步骤类似，采用三维线性插值法得到亚像素级的特征点，同时也去掉那些值小于一定阈值的特征点，增加极值使检测到的特征点数量减少，最终只有几个特征最强点会被检测出来。

4. 选取特征点的主方向

该步骤与 SIFT 算法中的步骤大有不同，SIFT 算法选取特征点的主方向是采用在特征点邻域内统计其梯度直方图，取直方图 bin 值最大的以及超过 bin 值 80% 的那些方向作为特征点的主方向。

而在 SURF 算法中，不统计其梯度直方图，而是统计特征点邻域内的 haar 小波特征。即在特征点的邻域（例如，半径为 6s 的圆内，s 为该点所在的尺度）内，统计 60° 扇形内所有点的水平 haar 小波特征和垂直 haar 小波特征总和，haar 小波特征的尺寸变为 4s，这样一个扇形得到了一个值，然后 60° 扇形以一定间隔进行旋转，最后将与最大值对应的那个扇形的方向作为该特征点的主方向。

5. 构造 SURF 特征点描述算子

SIFT 算法是在特征点周围取 16 像素 ×16 像素的邻域，并把该邻域化为 4×4 个小区域，每个小区域统计 8 个方向的梯度，最后得到 4×4×8=128 维的向量，该向量作为该点 SIFT 描述算子。

SURF 算法也是在特征点周围取一个正方形框，框的边长为 20s（s 是检测到该特征点所在的尺度）。该正方形框带方向，方向即第 4 步检测出来的主方向。然后把该正方形框分为 16 个子区域，每个子区域统计 25 个像素点的水平方向和垂直方向的 haar 小波特征，这里的水平和垂直方向都是相对主方向而言的。该 haar 小波特征为水平方向值之和，水平方向绝对值之和，垂直方向值之和，垂直方向绝对值之和。这样每个区域就有 4 个值，所以每个特征点就是 16×4=64 维向量，相对 SIFT 算法而言，SURF 算法的计算过程少了一半，这在特征匹配过程中会大大加快匹配速度。

SURF 算法采用 Hessian 矩阵获取图像局部极值十分稳定，但是在求主方向阶段太过于依赖局部区域像素的梯度方向，有可能使找到的主方向不准确。后面的特征向量提取以及匹配都严重依赖主方向，即使偏差角度不大也可能造成后面特征匹配的误差被放大，从而使匹配不成功。另外，图像金字塔层取得不够紧凑（相邻层之间尺度变化较大）也会使得尺度有误差，后面的特征向量提取同样依赖响应的尺度，这个问题的折中解决办法是取适量的层，然后进行插值。

OpenCV 提供了以下函数进行 SURF 特征检测和描述。

```
surf=cv2.xfeatures2d.SURF_create()  实例化
```

参数说明：surf 为实例化的 SURF 函数。

```
kp, des=surf.detectAndCompute(img, None)
```

参数说明：kp 表示生成的关键点，des 表示关键点的特征描述，img 表示输入的灰度图。

```
ret=cv2.drawKeypoints(gray, kp, img, flags)  在图中画出关键点
```

参数说明：gray 表示输入图片，kp 表示关键点，img 表示输出的图片，flags 表示描点的样式。

需要注意：因为 SURF 算法不免费使用，所以较新版本的 OpenCV 不再包含这个算法。如果在高版本的 OpenCV 环境中调用相关函数（如 cv2.xfeatures2d.SURF_create()），就会报错。这时候需要指定安装较低版本的 OpenCV 贡献库，使用命令指定版本号，例如：

```
pip install opencv-contrib-python==3.4.2.17
```

【例 11-3】对图像进行 SURF 特征检测。

根据题目要求，编写程序如下：

```
import cv2
import numpy as np
img = cv2.imread('lena.bmp')
gray = cv2.cvtColor(img, cv2.COLOR_BGR2GRAY)
surf = cv2.xfeatures2d.SURF_create(400) #SURF Hessian 的阈值
kp, des = surf.detectAndCompute(img, None) # 寻找关键点
cv2.drawKeypoints(img, kp, img,flags=cv2.DRAW_MATCHES_FLAGS_DRAW_RICH_KEYPOINTS) # 绘制关键点
cv2.imshow("img", img)
cv2.waitKey()
cv2.destroyAllWindows()
print(np.shape(kp))
print(np.shape(des))
print(des[0])
```

运行该程序，会输出以下内容：

```
(586,)
(586, 64)
[-7.23723715e-05  3.34821925e-05  2.91591859e-04  1.25465347e-04
  3.43413278e-02  1.10412517e-03  3.51226814e-02  3.95323522e-03
 -1.15429331e-03  1.04731659e-03  1.49342977e-03  1.58272940e-03
  2.00498052e-05 -1.96136200e-04  2.35072512e-04  3.21826927e-04
  1.05099847e-04 -3.59560479e-04  2.45053461e-03  8.43144720e-04
  3.79542559e-01  1.06570356e-01  3.84828895e-01  1.13819607e-01
 -8.70629996e-02  2.76583612e-01  8.77998695e-02  2.84443140e-01
 -7.06200674e-03  2.35009398e-02  8.77517555e-03  2.39798725e-02
 -5.39149670e-03  5.47579257e-03  7.63893733e-03  6.46069972e-03
  3.20558131e-01 -1.56325072e-01  3.23778540e-01  1.63823321e-01
  9.51403305e-02 -3.12890947e-01  1.10216856e-01  3.52109730e-01
  8.19639943e-04 -8.29575118e-03  1.81085281e-02  5.36919013e-02
 -1.06554115e-02  8.46123137e-03  1.06554115e-02  8.64391774e-03
```

```
    1.92920007e-02   7.19040260e-03   2.44317222e-02   7.46886153e-03
    1.22210954e-03   8.76502506e-03   3.79230548e-03   8.79423600e-03
    5.05706947e-03   6.61199493e-03   5.39292768e-03   6.61255885e-03]
```

以上内容表示在该图像中检测到 586 个 SIFT 特征，每个特征的维度为 64，并且显示了第一个 SURF 特征的特征向量。图 11-4 显示了 SURF 特征的检测结果。

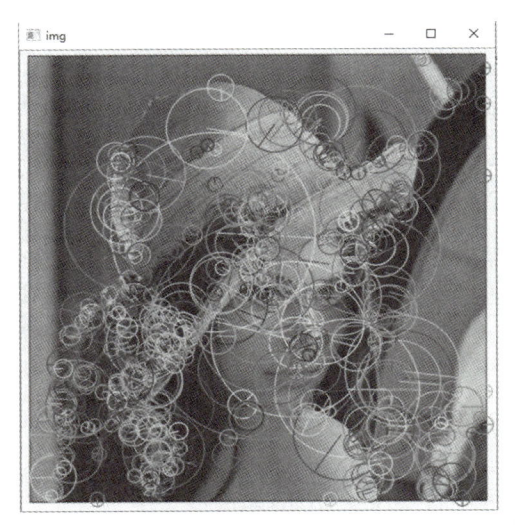

图 11-4　例 11-3 程序运行结果

11.4　FAST 角点检测算法

我们已知多种特征检测的方法，并且其中很多效果都非常不错。但是，从实时运行的角度出发，它们执行得还不够快。为解决上述问题，Edward Rosten 和 Tom Drummond 提出了 FAST（Features from Accelerated Segment Test）算法。

FAST 算法是一种角点检测算法，其思想源于角点的定义，也就是检测候选点周围像素点的像素值。如果候选点周围邻域内有足够多的像素点与该候选点的灰度级差别很大，就认为该候选点为一个特征点。

FAST 算法检测角点的过程如下。

（1）初步筛选：如图 11-5 所示，将像素点 P1、P5、P9、P13 的像素值与中心像素点 P 的像素值进行比较，设定一个阈值 t，I_p 代表像素点 P 的像素值，如果至少有 3 个像素点的像素值都大于 I_p+t，或者都小于 I_p-t，那么像素点 P 可能是角点，并在步骤（2）中进一步判断，否则像素点 P 不是角点。

（2）进一步判断：将像素点 P 周围的 16 个像素点的像素值与像素点 P 的像素值进行比较，如果有连续 12 个像素点的像素值都大于 I_p+t，或者都小于 I_p-t，那么像素点 P 是角点。

（3）非极大抑制：首先计算角点的 FAST 得分（记为 V），也就是上一步中 12 个连续像素点的像素值与该像素点的像素值的差值的绝对值之和，按如下公式计算；然后，对于相邻的两个角点，比较它们的 FAST 得分，保留得分较大的角点。

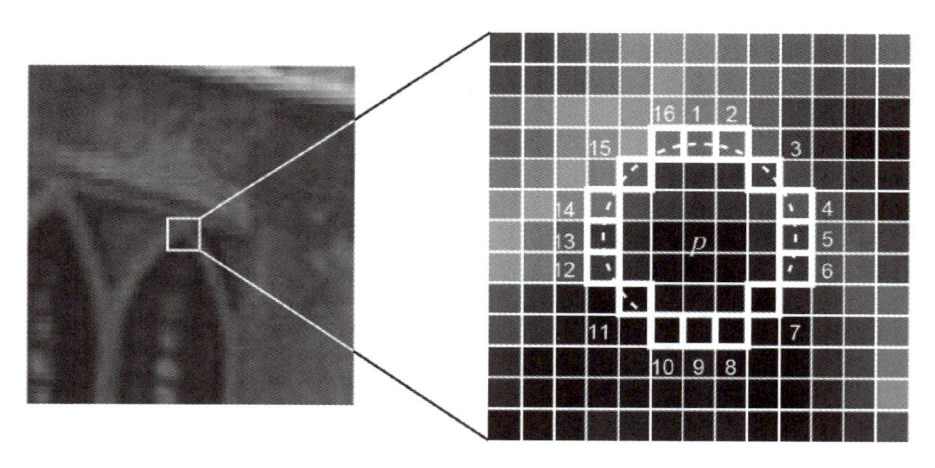

图 11-5　FAST 算法检测角点

OpenCV 提供了 FAST 角点检测函数如下：

```
fast=cv2.FastFeatureDetector_create() 实例化
```

参数说明：fast 为实例化的 FAST 函数。

```
kp=fast.detect(gray, None) 找出图像中的关键点
```

参数说明：kp 表示生成的关键点，gray 表示输入的灰度图。

【例 11-4】对图像进行 FAST 角点检测，并对比使用与不使用非极大抑制的结果。
根据题目要求，编写程序如下：

```python
import numpy as np
import cv2
from matplotlib import pyplot as plt
img = cv2.imread('qipan.jpg')
gray = cv2.cvtColor(img, cv2.COLOR_BGR2GRAY)
# 初始化 fast 对像
fast = cv2.FastFeatureDetector_create()
# 查找和绘制关键点
kp = fast.detect(gray, None)
img = cv2.drawKeypoints(gray, kp, None, color=(0, 0, 255))
fast.setNonmaxSuppression(0)
kp2 = fast.detect(gray, None)
img2 = cv2.drawKeypoints(gray, kp2, None, color=(0, 0, 255))
cv2.imshow("img", img)
```

```
cv2.imshow("img2", img2)
cv2.waitKey()
cv2.destroyAllWindows()
print(np.shape(kp))
print(np.shape(kp2))
```

以上程序运行结果如图 11-6 所示。

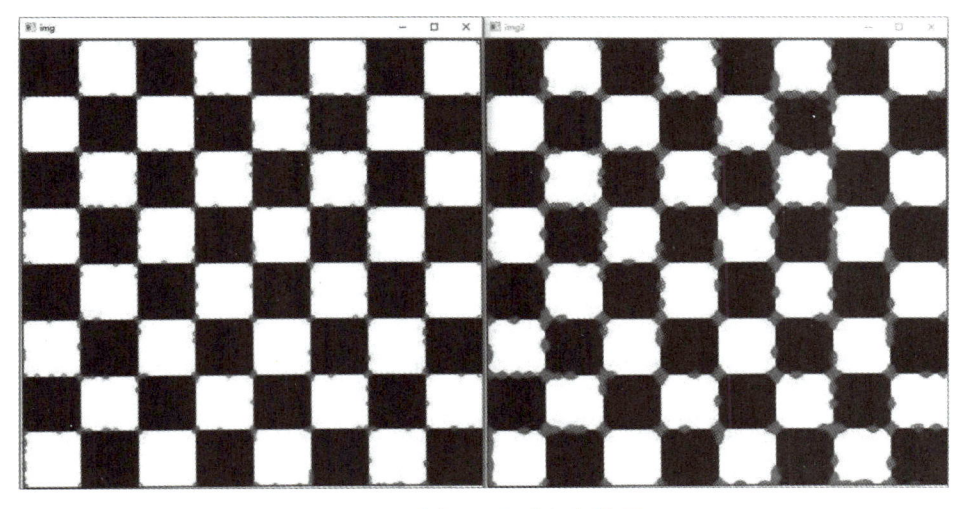

图 11-6 例 11-4 程序运行结果

11.5 BRIEF 描述符

BRIEF（Binary Robust Independent Elementary Features）并不是特征检测算法，它只是一个描述符（descriptor）。下面先解释什么是描述符，然后介绍 BRIEF。在前面使用 SIFT 算法和 SURF 算法分析图像时，可以看到整个图像处理的核心其实是 detectAndCompute() 函数。该函数包括两步：检测和计算。如果将这两步的结果以数组形式输出，detectAndCompute() 函数会返回两种不同的结果。检测结果是一组关键点，计算结果是描述符。这意味着 OpenCV 的 SIFT 类和 SURF 类既是检测器也是描述符关键点描述符是图像的一种表示方法，因为可以比较两个图像的关键点描述符，并找到它们的共同之处，所以描述符可以作为特征匹配的一种方法。BRIEF 是目前最快的描述符，其理论相当复杂，但 BRIEF 采用了一系列的优化措施，使其成为不错的特征匹配方法。

OpenCV 提供了 cv2.xfeatures2d.BriefDescriptorExtractor_create() 函数计算 BRIEF 描述符。可以使用其他特征点检测方法，如用 FAST 角点检测算法检测出角点之后，再计算 BRIEF 描述符。

【例 11-5】对图像进行 FAST 角点检测，并计算 BRIEF 描述符。

根据题目要求，编写程序如下：

```
import numpy as np
import cv2
img = cv2.imread('qipan.jpg', 0)
# 初始化FAST角点检测器
fast = cv2.FastFeatureDetector_create()
# 初始化BRIEF描述符
brief = cv2.xfeatures2d.BriefDescriptorExtractor_create()
# 使用fast找到关键点
kp = fast.detect(img,None)
# 使用BRIEF计算描述符
kp, des = brief.compute(img, kp)
print(brief.descriptorSize())
print(des.shape)
print(des[0])
img1 = cv2.drawKeypoints(img, kp, None, color=(255, 0, 0))
cv2.imshow('BRIEF', img1)
cv2.waitKey()
cv2.destroyAllWindows()
```

运行该程序，会输出以下内容：

```
(32, )
(410, 32)
[159   7 184  64 168 201 161 214 230  28 232  47   8  15  54 215 163 120
  43 161 152 152 255 146 242 212 113 196 185 199  29  40]
```

以上内容表示在该图中检测到410个SIFT特征，每个特征的维度为32，并且显示了第一个BRIEF特征的特征向量。图11-7显示了SURF特征的检测结果。

图11-7 例11-5程序运行结果

11.6 ORB 特征匹配

ORB 是 Oriented Fast and Rotated Brief 的简称，可以用来对图像中的关键点快速创建特征向量，这些特征向量可以用来识别图像中的对象。

其中，FAST 算法和 BRIEF 算法分别是特征检测算法和向量创建算法。ORB 算法首先会从图像中查找特殊区域，称为关键点。关键点即图像中突出的小区域，如角点，或者区域内像素点具有像素值急剧地从浅色变为深色的特征。然后 ORB 算法会为每个关键点计算相应的特征向量。ORB 算法创建的特征向量只包含 1 和 0，称为二元特征向量。1 和 0 的顺序会根据特定关键点和其周围的像素点区域而变化。该向量表示关键点周围的强度模式，因此多个特征向量可以用来识别更大的区域，甚至图像中的特定对象。

ORB 算法的特点是速度超快，并且在一定程度上不受噪声点和图像变换的影响，如旋转和缩放变换等。OpenCV 提供了 ORB 特征检测函数如下：

```
orb=cv2.ORB_create() 实例化
```

参数说明：orb 为实例化的 ORB 函数。

```
kp,des=orb.detectAndCompute(img, None)
```

参数说明：kp 表示生成的关键点，des 表示特征描述符，img 表示输入的灰度图。

在检测出两幅图像的特征后，可以对描述符进行匹配，常用的匹配方法有以下几种。

（1）暴力匹配：暴力（Brute-Force）匹配是一种描述符匹配方法，该方法会比较两个描述符，并产生匹配结果的列表。称为暴力匹配的原因是该算法基本上不涉及优化，第一个描述符的所有特征都用来和第二个描述符的特征进行比较。每次比较都会给出一个距离值，而最好的比较结果会被认为是一个匹配值。这就是该算法被称为暴力匹配的原因。在计算中，暴力往往与穷举所有可能的组合（如穷举所有可能字符的组合来破解密码）有关，这些组合通常会具有某种巧妙且令人费解的逻辑。OpenCV 专门提供了 BFMatcher 对象来实现暴力匹配。

（2）K 最近邻匹配：通过检测匹配算法，可在图像上绘制这些匹配点。K 最近邻匹配（KNN）就是其中一个匹配检测算法。对不同任务使用不同算法有很大好处，因为每种算法都有自己的优点和缺点。有些算法可能会比其他算法更准确，有些算法效率会更高（或计算代价更小），所以需要根据任务来决定使用哪一种算法。例如，如果有硬件限制，就可以选择计算成本更低的算法。如果是开发实时应用程序，就可以选择最快的算法，而不管该算法耗用多少处理器和内存。在所有机器学习的算法中，KNN 可能是最简单的，其背后的理论也很有趣（本书不再详述）。

（3）FLANN 匹配：近似最近邻的快速库（Fast Library for Approximate Nearest Neighbors）简称 FLANN。与 ORB 一样，FLANN 与 SIFT 或 SURF 算法相比有更宽松的许可协议，可以在项目中自由使用。FLANN 具有一种内部机制，该机制可以根据数据本身选择最合适的算法处理数据集。经验证，FLANN 比其他的最近邻搜索算法处理数据快 10 倍。FLANN 匹配非常准确、快速，使用起来也很方便。

【例 11-6】对两幅图像进行 ORB 特征检测并做暴力匹配。

根据题目要求，编写程序如下：

```
import numpy as np
import cv2
img1 = cv2.imread("house1.bmp", cv2.IMREAD_GRAYSCALE)
img2 = cv2.imread("house2.bmp", cv2.IMREAD_GRAYSCALE)
orb = cv2.ORB_create()
kp1, des1 = orb.detectAndCompute(img1, None)
kp2, des2 = orb.detectAndCompute(img2, None)
bf = cv2.BFMatcher(cv2.NORM_HAMMING, crossCheck=True)
matches = bf.match(des1, des2)
matches = sorted(matches, key=lambda x:x.distance)
img3 = cv2.drawMatches(img1, kp1, img2, kp2, matches[:40], img2, flags=2)
cv2.imshow("result", img3)
cv2.imwrite("matching_result.jpg", img3)
cv2.waitKey()
cv2.destroyAllWindows()
```

以上程序运行结果如图 11-8 所示。

图 11-8　例 11-6 程序运行结果

【例 11-7】对两幅图像进行 ORB 特征检测并做 K 最近邻匹配。

根据题目要求，编写程序如下：

```
import numpy as np
import cv2
img1 = cv2.imread("house1.bmp", cv2.IMREAD_GRAYSCALE)
img2 = cv2.imread("house2.bmp", cv2.IMREAD_GRAYSCALE)
orb = cv2.ORB_create()
kp1, des1 = orb.detectAndCompute(img1, None)
kp2, des2 = orb.detectAndCompute(img2, None)
bf = cv2.BFMatcher(cv2.NORM_HAMMING, crossCheck=False)
matches = bf.knnMatch(des1, des2, k=2)
img3 = cv2.drawMatchesKnn(img1, kp1, img2, kp2, matches, img2, flags=2)
cv2.imshow("result", img3)
cv2.imwrite("matching_result2.jpg", img3)
cv2.waitKey()
cv2.destroyAllWindows()
```

以上程序运行结果如图 11-9 所示。

图 11-9　例 11-7 程序运行结果

思考与练习

1. 编写程序，使用 Harris 角点检测算法对自然图像进行角点检测。
2. 编写程序，对同一幅图像，比较利用 SIFT 算法和 SURF 算法抽取特征的时间。
3. 编写程序，对两幅图像进行 SIFT 特征检测并做 K 最近邻匹配。

第12章 人脸检测与人脸识别

计算机视觉成为极具吸引力的学科的原因之一是，它会使未来逐步变成现实，人脸检测和人脸识别就是印证。在现实生活中，人脸检测和人脸识别可用于各行各业，而OpenCV提供了人脸检测和人脸识别算法。人脸识别是指程序对输入的人脸图像进行判断，并识别出其对应的人的过程。人脸识别程序像我们人类一样，"看到"一张人脸后就能够分辨出这个人是家人、朋友还是陌生人。当然，要实现人脸识别，首先要判断当前图像内是否出现了人脸，也即人脸检测。

本章分别介绍人脸检测和人脸识别的基本原理，并分别给出了使用OpenCV实现它们的简单案例。

12.1 人脸检测

对于只涉及两个类的"二分类"任务，通常将其中一个类称为"正类"（正样本），另一个类称为"负类"（反类、负样本）。在人脸检测过程中，主要任务是构造能够区分包含人脸实例和不包含人脸实例的分类器。这些实例被称为"正类"（包含人脸图像）和"负类"（不包含人脸图像）。

本节介绍分类器的基本构造方法，以及如何调用OpenCV中训练好的分类器实现人脸检测。

12.1.1 级联分类器

通常情况下，分类器需要对多个图像特征进行识别。例如，识别一个动物到底是狗（正类）还是其他动物（负类），我们可能需要根据多个条件进行判断，这样比较下来是非常烦琐的。我们可以准备一系列狗的简单特征，如首先比较它们有几条腿：

- 有"四条腿"的动物被判断为"可能为狗"，并对此范围内的对象继续进行分析和判断；
- 没有"四条腿"的动物直接被否决，即不可能为狗。

接下来可以比较它们有没有尾巴：

- 有"尾巴"的动物被判断为"可能为狗",并对此范围内的对象继续进行分析和判断;
- 没有"尾巴"的动物直接被否决,即不可能为狗。

然后如此循环判断,直至所有特征都使用完毕,这样,每级根据一个特征,都能排除样本集中大量的负类(如鸡、鸭、鹅等不是狗的其他动物实例),最终得到狗的分类。

级联分类器就是基于这种思路,将多个简单的分类器按照一定的顺序级联而成的。

级联分类器的优势是,在开始阶段仅进行非常简单的判断,就能够排除明显不符合要求的实例。在开始阶段被排除的负类,不再参与后续分类,这样能极大地提高后面分类的速度。

OpenCV 提供了用于训练级联分类器的工具,也提供了训练好的用于人脸检测的级联分类器,这些都可以作为现成的资源使用。

12.1.2 Haar 级联的概念

OpenCV 提供已经训练好的 Haar 级联分类器用于人脸检测。Haar 级联分类器的实现经过如下历程:

(1)有学者提出了使用 Haar 特征用于人脸检测,但是此时 Haar 特征的运算量超级大,这个方案并不实用。

(2)有学者提出了简化 Haar 特征的方法,让使用 Haar 特征检测人脸的运算变得简单易行,同时提出了使用级联分类器来提高分类效率。

(3)有学者提出了用于改进 Haar 的类 Haar 方案,为人脸定义了更多特征,进一步提高了人脸检测的效率。

Haar 特征反映的是图像的灰度变化,它将图像划分为模块后求差值。如图 12-1 所示,Haar 特征用黑白两种矩形框组合成特征模板,在特征模板内,用白色矩形像素块的像素值和减去黑色矩形像素块的像素值的和来表示该模板的特征。经过上述处理后,人脸的一些特征就可以使用矩形框的差值简单地表示了。例如,眼睛的颜色比脸颊的颜色要深,鼻梁两侧的颜色比鼻梁的颜色深,唇部的颜色比唇部周围的颜色深。

图 12-1 Haar 特征

关于 Haar 特征中的矩形框,有如下 3 个变量。
- 矩形位置:矩形框要逐像素点地划过(遍历)整个图像,以获取每个位置的差值。
- 矩形大小:矩形的大小可以根据需要做任意调整。
- 矩形类型:包含垂直、水平、对角等不同类型。

上述 3 个变量保证了能够细致、全面地获取图像的特征信息。但是,变量的个数越多,特征的数量也会越多。例如，仅一个 24 像素 ×24 像素的检测窗口内的特征数量就接近 20 万个。由于计算量过大，所以上面的 Haar 特征计算方案并不实用，除非能简化计算特征。

后来，Viola 和 Jones 两位学者提出了使用积分图像快速计算 Haar 特征的方法。他们提出通过构造"积分图像"（Integral Image），让 Haar 特征能够通过查表法和有限次简单运算快速获取，极大地减少了运算量。

对于一个灰度图像 I 而言，其积分图像 ii 也是一张与 I 尺寸相同的图，只不过该图上任意一点（x, y）的值是指从灰度图像 I 的左上角与当前点所围成的矩形区域内所有像素点灰度级之和，如图 12-2 所示。

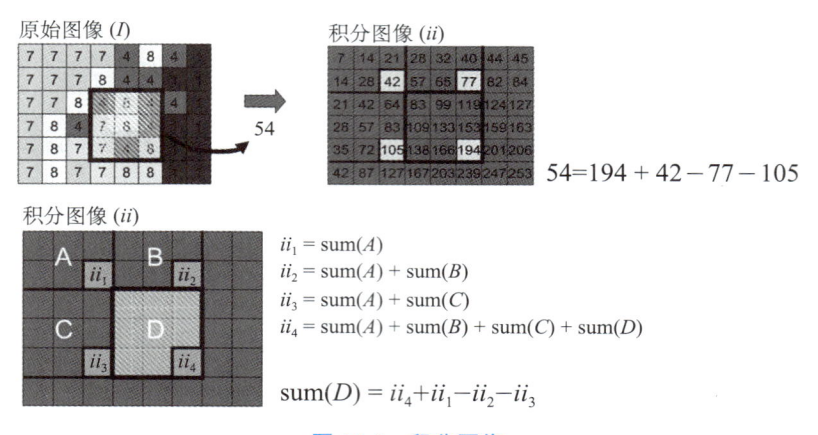

$$ii_1 = \mathrm{sum}(A)$$
$$ii_2 = \mathrm{sum}(A) + \mathrm{sum}(B)$$
$$ii_3 = \mathrm{sum}(A) + \mathrm{sum}(C)$$
$$ii_4 = \mathrm{sum}(A) + \mathrm{sum}(B) + \mathrm{sum}(C) + \mathrm{sum}(D)$$

$$\mathrm{sum}(D) = ii_4 + ii_1 - ii_2 - ii_3$$

图 12-2　积分图像

积分图像构造好之后，图像中任何矩阵区域的像素累加和都可以通过简单运算得到。

为了进一步提高效率，Lienhart 和 Maydt 两位学者提出对 Haar 特征库进行扩展。他们将 Haar 特征进一步划分为如图 12-3 所示的 4 类扩展特征。

- 4 个边缘特征。
- 8 个线性特征。
- 2 个圆心环绕特征。
- 1 个特定方向特征。

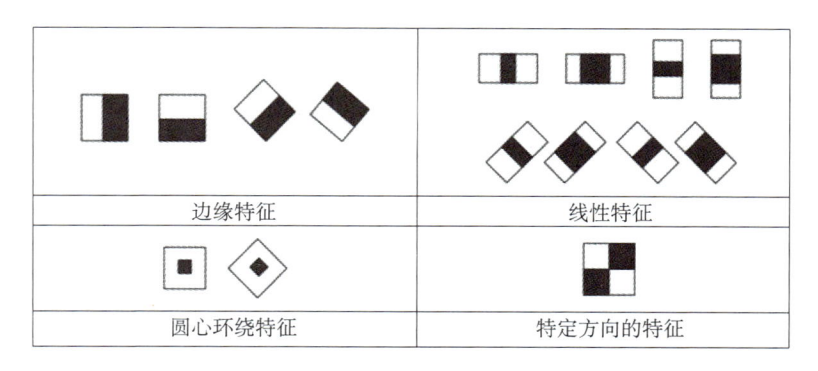

图 12-3　Haar 扩展特征

OpenCV 在上述研究的基础上,将 Haar 级联分类器用于人脸检测。我们可以直接调用 OpenCV 自带的 Haar 级联特征分类器来实现人脸检测。

12.1.3 获取级联数据

根据 OpenCV 安装方式的不同,级联数据的所在位置也不一样。如果是通过在 Anaconda 中使用 pip 方式安装的 OpenCV,那么级联文件会在 Anaconda 安装目录下的 Lib\site-packages\cv2\data 文件夹内;如果是直接下载安装的 OpenCV,那么级联文件会在 OpenCV 根文件夹内的 data 文件夹下。如果找不到对应的文件,可以直接在网络上找到相应 XML 文件,下载并使用。

不同版本的 OpenCV 也会有不同的级联分类器,部分常用的级联分类器如表 12-1 所示。

表 12-1 部分常用的级联分类器

XML 文件	用 途
harrcascade_eye.xml	Haar 眼睛检测
haarcascade_eye_tree_eyeglasses.xml	Haar 眼镜检测
haarcascade_mcs_nose.xml	Haar 鼻子检测
haarcascade_mcs_mouth.xml	Haar 嘴巴检测
harrcascade_smile.xml	Haar 微笑检测
hogcascade_pedestrians.xml	Hog 行人检测
lbpcasecade_frontalface.xml	lbp 人脸检测
lbpcasecade_profileface.xml	lbp 人脸检测
lbpcascade_silverware.xml	lbp 金属检测
haarcascade_fullbody	Haar 全身检测
haarcascade_upperbody	Haar 上半身检测

加载级联分类器的语句为:

```
<CascadeClassifier object>=cv2.CascadeClassifier(filename)
```

其中,filename 是分类器的路径和名称。

下面的代码是一个调用实例:

```
faceCascade=cv2.CascadeClassifier('haarcascade_frontalface_default.xml')
```

在 OpenCV 中,人脸检测使用的是 cv2.CascadeClassifier.detectMultiScale() 函数,它可以检测出图像中所有的人脸。该函数由分类器对象调用,其语法格式为:

```
objects=cv2.CascadeClassifier.detectMultiScale(image[,scaleFactor[,minNeighbors
[, flags[,minSize[, maxSize]]]]])
```

其中，各参数及返回值的含义如下。
- image 表示待检测图像，通常为灰度图像。
- scaleFactor 表示在前后两次相继的扫描中，搜索窗口的缩放比例。
- minNeighbors 表示构成检测目标的相邻矩形的最小个数。默认情况下，该值为 3，意味着相邻区域有 3 个以上的检测标记存在时，才认为人脸存在。如果希望提高检测的准确率，那么可以将该值设置得更大，但同时可能会让一些人脸无法被检测到。
- flags 参数通常被省略。在使用低版本 OpenCV（OpenCV 1.X 版本）时，它可能会被设置为 CV_HAAR_DO_CANNY_PRUNING，表示使用 Canny 边缘检测器来拒绝一些无法检测到人脸的区域。
- minSize 表示目标的最小尺寸，小于这个尺寸的目标将被忽略。
- maxSize 表示目标的最大尺寸，大于这个尺寸的目标将被忽略。
- objects 表示返回值，目标对象的矩形框向量组。

【例 12-1】检测一幅图像内的人脸，并标注出来。

根据题目的要求，编写程序如下：

```python
import cv2
cv2.ocl.setUseOpenCL(False) # 在有些开发环境下需要关闭 OpenCL 功能，否则会报错
# 读取待检测的图像
image = cv2.imread ('C:\\Users\\HP\\Documents\\Python Scripts\\faces-image.jpg')
# 获取 XML 文件，加载人脸检测器
faceCascade = cv2.CascadeClassifier('C:\\Users\\HP\\Documents\\Python Scripts\\haarcascade_frontalface_default.xml')
# 色彩转换，转换为灰度图像
gray = cv2.cvtColor(image, cv2.COLOR_BGR2GRAY)
# 调用函数 detectMultiScale()
dfaces = faceCascade.detectMultiScale(gray, 1.15, 5)
print(dfaces)
# 打印输出的测试结果
print(" 发现 {0} 个人脸！".format(len(dfaces)))
# 逐个标注人脸
for (x, y, w, h) in dfaces:
    cv2.rectangle(image, (x, y),(x+w, y+w), (0, 255, 0), 2)# 用方框标注
      #cv2.circle(image, (int((x+x+w)/2), int((y+y+h)/2)), int(w/2), (0, 255, 0), 2)
cv2.imshow("dect", image)
# 保存检测结果
cv2.imwrite("C:\\Users\\HP\\Documents\\Python Scripts\\face_result.jpg", image)
cv2.waitKey(0)
cv2.destroyAllWindows()
```

运行上述程序，会显示如图 12-4 所示的图像。程序将图像内的 7 个人脸使用 7 个方框标注出来。

图 12-4 例 12-1 程序运行结果

同时，在控制台会显示检测到的人脸的具体位置信息及个数，具体如下：

```
[[ 264  414   61   61]
 [ 345  414   57   57]
 [1122  387   72   72]
 [  52  383   80   80]
 [1053  397   58   58]
 [ 856  395   51   51]
 [ 570  412   53   53]]
发现 7 个人脸！
```

12.2 人脸识别

人脸识别的第一步，就是要找到一个可以用简洁又具有差异性的方式准确反映出每个人脸特征的模型。识别人脸时，首先将当前人脸采用与前述同样的方式提取特征，再从已有特征集中找出当前特征的最邻近样本，从而得到当前人脸的标签。实现这一目标的方法之一是用一系列分好类的图像（人脸数据库）来"训练"程序，并基于这些图像来进行识别（OpenCV 也采用这种方法）。这就是 OpenCV 及其人脸识别模块进行人脸识别的过程。

注意要使用 OpenCV 贡献库。

OpenCV 提供了 3 种人脸识别方法，分别是 LBPH 方法、EigenFishfaces 方法、Fisherfaces 方法。

LBPH（Local Binary Patterns Histogram，局部二值模式直方图）所使用的模型基于 LBP（Local Binary Pattern，局部二值模式）算法。LBP 算法最早是作为一种有效的纹理描述算子而被提出的，由于在表述图像局部纹理特征上效果出众而得到广泛应用。LBP 算法的基本思想是对图像的像素点和它局部周围像素点进行对比后的结果进行求和。以这个像素点为中心，对相邻像素点进行阈值比较。如果中心像素点的亮度大于或等于它的相邻像素点，将它标记为 1，否则标记为 0。使用二进制数字来表示每个像素点，如 11001111。因此，由于中心像素点周围相邻 8 个像素点，最终可能获取 2^8 个组合，因此称为局部二值模式，有时称为 LBP 码。为了得到不同尺度下的纹理结构，还可以使用圆形邻域，将计算扩大到任意大小的邻域内。图 12-5 展示了一个 LBP 算子的例子。

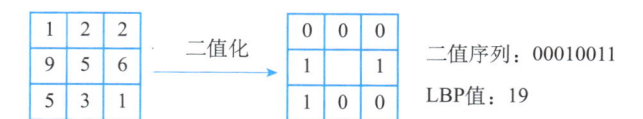

图 12-5　LBP 算子

LBP 算子对于图像整体的变暗或变亮的单调变化很稳定。如图 12-6 所示，我们可以看到灰度变化后的人脸图像的 LBP 图像，几乎不受影响。

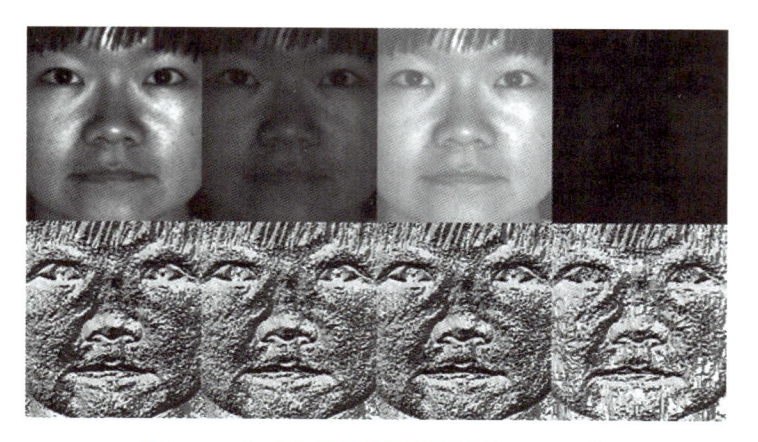

图 12-6　灰度变化后的人脸图像的 LBP 图像

对图像逐像素点地用以上方式进行处理，就得到 LBP 特征图像，这个特征图像的直方图被称为 LBPH 或 LBP 直方图。

在 OpenCV 中，可以用以下 3 个函数完成使用 LBPH 特征的人脸训练及识别：

```
cv2.face.LBPHFaceRecognizer_create()：生成 LBPH 识别器
cv2.face_FaceRecognizer.train()：LBPH 识别器训练
cv2.face_FaceRecognizer.predict()：使用训练结果进行人脸识别
```

下面分别介绍上述 3 个函数。

1. cv2.face.LBPHFaceRecognizer_create() 函数

该函数用于生成 LBPH 识别器。

该函数的语法格式为：

```
retval=cv2.face.LBPHFaceRecognizer_create([,radius[,neighbors[,grid_x[,grid_y[,threshold]]]]])
```

其中，该函数的全部参数都是可选的，含义如下。
- radius 表示计算 LBP 特征的圆形邻域半径值，默认值为 1。
- neighbors 表示邻域点的个数，默认采用 8 邻域，根据需要可以计算出更多的邻域点。
- grid_x 表示将 LBP 特征图像划分为一个个单元格时，每个单元格在水平方向上的像素点个数。该参数值默认为 8，即将 LBP 特征图像在行方向上以 8 个像素点为单位分组。
- grid_y 表示将 LBP 特征图像划分为一个个单元格时，每个单元格在垂直方向上的像素点个数。该参数值默认为 8，即将 LBP 特征图像在列方向上以 8 个像素点为单位分组。
- threshold 表示在预测时所使用的阈值。如果大于该阈值，就认为没有识别到任何目标对象。

2. cv2.face_FaceRecognizer.train() 函数

该函数对每个训练图像计算其 LBPH 特征，得到一个向量。该函数的语法格式为：

```
None=cv2.face_FaceRecognizer.train(src, labels)
```

其中，该函数的参数含义如下。
- src 表示训练图像，用来学习的人脸图像。
- labels 表示标签，人脸图像所对应的标签。

该函数没有返回值。

3. cv2.face_FaceRecognizer.predict() 函数

该函数对一个待检测人脸图像进行判断，寻找与当前图像最接近的人脸图像。与哪个人脸图像最接近，就将当前待测图像标注为其对应的标签。如果待检测图像与所有人脸图像的距离都大于 cv2.face.LBPHFaceRecognizer_create() 函数中参数 threshold 所指定的距离值，就认为没有对应的人脸，即无法识别当前人脸。

该函数的语法格式为：

```
label, confidence=cv2.face_FaceRecognizer.predict(src)
```

其中，该函数的参数与返回值的含义如下。

- src 表示需要识别的人脸图像。
- label 表示返回的识别结果标签。
- confidence 表示返回的置信度评分。置信度评分用来衡量识别结果与原有模型之间的距离。0 表示完全匹配。通常情况下，认为小于 50 的值是可以接受的，如果该值大于 80 就认为差别较大。

【例 12-2】使用 OpenCV 的 LBPH 模块完成人脸识别程序。

首先准备两个人的人脸图像，每个人两幅图像，以用于学习。然后，用程序识别第 5 幅人脸图像（为其中一个人的人脸），观察识别结果。如图 12-7 所示，前 4 幅图像为用于学习的两个人的人脸图像，第 5 幅图像为要识别的图像，为第一个人的人脸图像。

图 12-7　人脸识别图片

在 4 幅训练图像中，前两幅图像是同一个人，将其标签设定为"0"；后两幅图像是同一个人，将其标签设定为"1"。

根据题目的要求，编写程序如下：

```
import cv2
import numpy as np
images = []
images.append(cv2.imread("faces-training/g1.bmp", cv2.IMREAD_GRAYSCALE))
images.append(cv2.imread("faces-training/g2.bmp", cv2.IMREAD_GRAYSCALE))
images.append(cv2.imread("faces-training/s1.bmp", cv2.IMREAD_GRAYSCALE))
images.append(cv2.imread("faces-training/s2.bmp", cv2.IMREAD_GRAYSCALE))
labels = [0, 0, 1, 1]
recognizer = cv2.face.LBPHFaceRecognizer_create()
recognizer.train(images, np.array(labels))
predict_image = cv2.imread("faces-training/g3.bmp", cv2.IMREAD_GRAYSCALE)
label, confidence = recognizer.predict(predict_image)
print("label=", label)
print("confidence=", confidence)
```

运行程序显示结果如下：

```
label= 0
confidence= 84.7449935182951
```

从显示结果可以看到,标签值为"0",置信区间值为84.7449935182951,表示要识别的图像被识别为第一个人。

思考与练习

1. 简述积分图像快速计算Haar特征的原理和计算方法,并编写程序实现。

2. 编写程序,使用EigenFishfaces方法实现人脸识别。(提示:通过查询OpenCV手册获取EigenFishfaces方法的使用方法)

第13章 目标检测与识别

本章介绍目标检测和识别相关知识，这是计算机视觉应用中最常见的挑战之一，也是本书要讨论的关键主题之一。该主题也许会让读者联想到如果在车里安装一台计算机，然后通过摄像头能否准确获取该车周围的汽车及行人的情况。

目标检测用来确定图像的某个区域是否含有要识别的对象。识别通常只处理已检测到对象的区域。例如，人们总是会在有人脸图像的区域去识别人脸。在计算机视觉应用中有很多目标检测和识别的算法，本章会用到如下算法：

- 梯度直方图（Histogram of Oriented Gradient，HOG）；
- 图像金字塔（Image Pyramid）；
- 滑动窗口（Sliding Window）。

与特征检测算法不同，这些算法是互补的。例如，在梯度直方图中会使用滑动窗口技术。

HOG 是一个特征描述符，与 SIFT、SURF 和 ORB 属于同一类型的描述符。HOG 不是基于颜色值而是基于梯度来计算直方图的。HOG 所得到的特征描述符能够为特征匹配和目标检测（或目标识别）提供非常重要的特征量。

HOG 的基本思想是对检测窗口（在图像中滑动）进行分割，以形成块（Block）和单元格（Cell），然后计算每个像素点的梯度（包括方向和强度），再以块为单位统计每个单元格的加权直方图，最后将各个单元格和块内的直方图进行级联并形成 HOG 描述符。主要步骤如下。

（1）划分图像块。给定一个尺寸为 64 像素 ×128 像素的图像，按 16 像素 ×16 像素划分为一个块，再将这个块划分为 4 个 8 像素 ×8 像素的单元格，如图 13-1 所示。

（2）计算图像梯度强度和梯度方向，如图 13-2 所示。

①计算每个单元格的水平和垂直梯度；

②计算图像梯度强度和梯度方向；

③将方向设为无符号方向，即角度范围为 0°～180°。

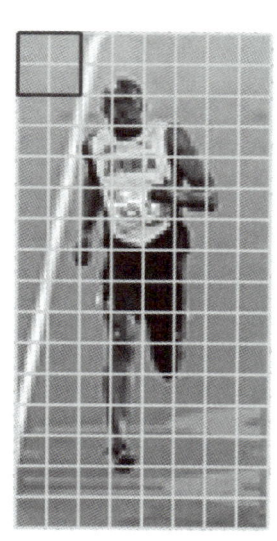

图 13-1 划分块和单元格

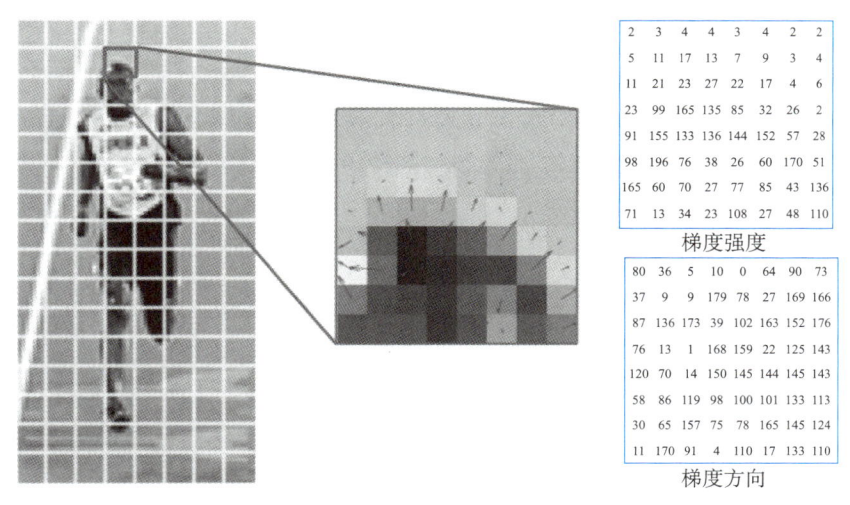

图 13-2 计算图像梯度强度和梯度方向

（3）创建每个单元格的直方图：

①为每个 8 像素 ×8 像素的单元格绘制直方图；

②每个直方图有 9 个数字类别，根据角度 0°，20°，…，160° 划分；

③按每个梯度的方向值挑选数字类别；

④将该梯度对应的强度值填入所选的数字类别。如图 13-3 所示，圆圈内的方向值为 80°，则其对应的强度值 2 放入 80 的描述符中，方框内的方向值 10 介于 0 和 20 之间，则其强度值 4 应按比例分别将两个 2 放入 0 和 20 两个描述符中。

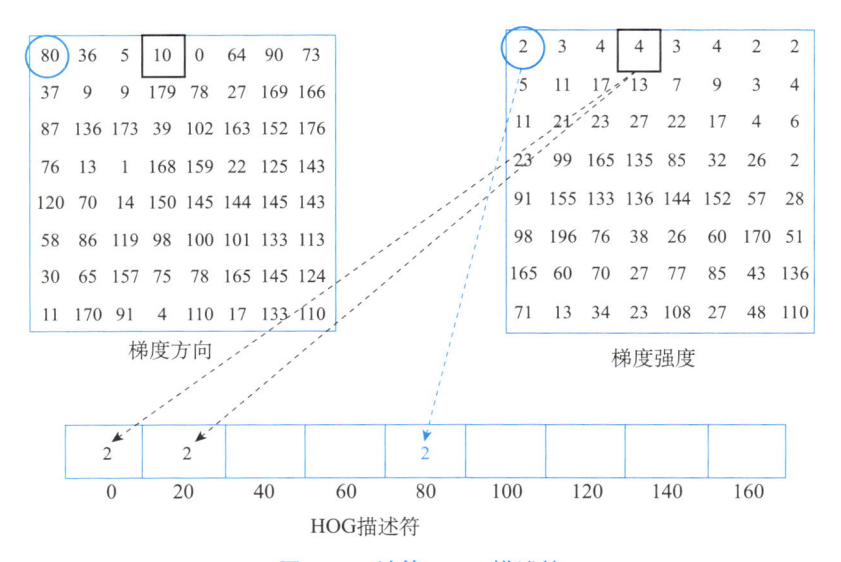

图 13-3 计算 HOG 描述符

（4）HOG 可视化：

①在 16 像素 ×16 像素块内，归一化 L2 范数的直方图，这样可以避免光照影响；

②一个块内有 4 个直方图，可以将这 4 个 9×1 维度直方图合成一个 36×1 维度的

向量；

③将块移动 8 个像素点，以此类推，计算所有块的特征向量，最终可以得到一个 3780×1 维度的 HOG 特征向量；

④绘制每个单元格的 9×1 维度直方图到图像上，实现如图 13-4 所示的 HOG 特征可视化。

那么，HOG 与 SIFT 有什么区别呢？HOG 和 SIFT 都是描述符，由于在具体操作上有很多相似的步骤，所以致使很多人误认为 HOG 是 SIFT 中的一种，其实两者在使用目的和具体处理细节上是有很大的区别的。HOG 与 SIFT 的主要区别如下：

（1）SIFT 是基于关键点特征向量的描述；

（2）HOG 是将图像均匀地分成相邻的小块，然后在所有的小块内统计梯度直方图；

（3）SIFT 需要对图像尺度空间下对像素点求极值点，而 HOG 不需要；

图 13-4　HOG 特征可视化

（4）SIFT 一般有两大步骤，第一个步骤是对图像提取特征点，而 HOG 不会对图像提取特征点。

HOG 对比其他特征有如下优缺点。

优点：

（1）HOG 表示的是边缘（梯度）的结构特征，因此可以描述局部的形状信息；

（2）位置和方向空间的量化在一定程度上可以抑制平移和旋转带来的影响；

（3）采取在局部区域归一化直方图，可以部分抵消光照变化带来的影响；

（4）由于忽略了光照颜色对图像造成的影响，使得图像所需要的表征数据的维度降低了；

（5）这种划分块和单元的处理方法，使得图像局部像素点之间的关系可以很好地得到表征。

缺点：

（1）描述符生成过程冗长，导致检测速度慢、实时性差；

（2）很难处理遮挡问题；

（3）由于梯度的性质，该描述符对噪声点相当敏感。

在目标检测过程中，经常要处理两个问题：尺度问题和位置问题。

1. 尺度问题

假如要检测的目标是较大图像中的一部分，则要对模板图像和目标图像这两幅图像进行比较。如果在比较过程中找不到一组相同的梯度（尺度不一样即物体的比例尺不一样），那么检测就会失败。

2. 位置问题

要检测的目标可能位于图像的任何地方，所以需要扫描图像的各个部分，以确保能找到感兴趣的区域，并且在这些区域中尝试检测目标。即使待检测图像中的目标和训练图像中的目标一样大，也需要通过某种方式让 OpenCV 定位该目标。因此，只对有可能存在目标的区域进行比较，而该图像的其余部分会被丢弃。

为了解决这些问题，需要熟悉图像金字塔、滑动窗口和非最大抑制的概念。

（1）图像金字塔。

计算机视觉应用中的许多算法都会用到金字塔（Pyramid）的概念。这一部分在前面章节中已经介绍。

（2）滑动窗口。

滑动窗口是计算机视觉应用中的一种技术，它包括图像中要移动部分（滑动窗口）的检查以及使用图像金字塔对各部分进行检测。滑动窗口通过扫描较大图像的较小区域来解决定位问题，进而在同一图像的不同尺度下重复扫描。

这种技术需要将每幅图像分解成多个部分，然后丢掉那些不太可能包含对象的部分，并对剩余部分进行分类。使用这种技术会有一个问题：区域重叠（Overlapping Region）。区域重叠指的是在对图像执行人脸检测时使用滑动窗口。每个窗口每次都会滑动几个像素，这意味着一个滑动窗口可以对同一张人脸的 4 个不同位置进行正匹配。但是我们只需要一个匹配结果，而不是 4 个。此外，我们对评分较高的图像区域不感兴趣，只对有最高评分的图像区域感兴趣。

这就带来了另一个问题：非最大抑制。它是指给定一组重叠区域，可以用最大评分来抑制所有未分类区域。

（3）非最大（或非极大）抑制。

非最大抑制是找到局部最大值，并筛选（抑制）领域内其余值的一种技术。对于得到的这些窗口，我们只关心结果最好的，并丢弃评分较低的重叠窗口。

当采用滑动窗口检查图像时，要从一系列窗口中保留最佳窗口，并且所有重叠都是围绕着同一检测目标进行的。因此，大于阈值的所有窗口通常都要进行非最大抑制操作。这已变得相当复杂，但处理过程还没有结束。还记得图像金字塔吗？在较小尺度下反复扫描图像，以确保在不同尺度下检测对象。这意味着将在不同尺度下获得一系列的窗口，然后，用与在原始尺度下进行检测相同的方法来计算较小尺度下的窗口大小，最后，把这个窗口号与原始窗口放在一起。

实现非最大抑制算法需要如下过程。

（1）建立图像金字塔，采用滑动窗口来搜索图像以检测目标。

（2）搜集当前所有含有目标的窗口（超出一定任意阈值），并得到有最高响应的窗

口 W。

（3）消除所有与 W 有明显重叠的窗口。

（4）移动到下一个有最高响应的窗口，在当前尺度下重复上述过程。

（5）以上过程完成后，在图像金字塔的下一个尺度下重复前面的过程。为了确保窗口在整个非最大抑制过程结束时能正确地表示，一定要计算相对图像原始尺寸的窗口大小（例如，在金字塔中，如果在只有原始尺寸 50% 的尺度下检测一个窗口，那么检测的窗口实际上是原始图像大小的四分之一）。

（6）上述步骤完成后，会得到一系列评分最高的窗口。这时，检查完全包含在其他窗口中的窗口，并消除这些窗口。

如何确定窗口的评分呢？这就需要一个分类系统来确定某一特征是否存在，并且对这种分类会有一个置信度评分，这里采用支持向量机（SVM）进行分类。

3. 支持向量机

简单地讲，SVM 是一种算法，对于带有标签的训练数据，通过一个优化的超平面（最优超平面）来对这些数据进行分类，这个最优超平面就是用来区分不同种类数据的。

OpenCV 提供了以下函数进行 HOG 特征的检测。

```
hog = cv2.HOGDescriptor() 实例化
```

其中：hog 为实例化的 HOG 函数。

hog.setSVMDetector() 函数：使用 SVM 作为检测数据分类器。

```
hog.setSVMDetector(cv2.HOGDescriptor_getDefaultPeopleDetector())
```

其中：cv2.HOGDescriptor_getDefaultPeopleDetector() 表示检测行人。

hog.detectMultiScale() 函数：用于多尺度图像 HOG 检测。

```
(rects,weight)=hog.detectMultiScale(src,winStride,padding,scale,
useMeanshiftGrouping)
```

其中：

- src 表示输入目标图像，图像可以是彩色图像也可以是灰度图像。
- winStride（可选）表示 HOG 检测窗口移动时的步长（水平及垂直）。
- padding（可选）表示在原图外围添加像素点，适当地添加外围像素点可以提高检测的准确率。常见的添加外围像素点大小有（8,8），（16,16），（24,24），（32,32）。
- scale（可选）可以具体控制金字塔的层数，该参数值越小，表示层数越多，检测时间也越长。
- useMeanShiftGrouping（可选）表示 bool 类型，决定是否消除重叠的检测结果。

【例 13-1】使用 OpenCV 实现行人检测。

根据要求，编写程序如下：

```
import cv2
import numpy as np
cv2.ocl.setUseOpenCL(False)
src = cv2.imread("xingren.jpg")
hog = cv2.HOGDescriptor()
hog.setSVMDetector(cv2.HOGDescriptor_getDefaultPeopleDetector())
#检测图像中的行人
(rects, weight) = hog.detectMultiScale(src, winStride=(2,4),padding=(8,8),scale=1.2, useMeanshiftGrouping=False)
for (x, y, w, h) in rects:
    cv2.rectangle(src, (x, y), (x+w, y+h), (0, 255, 0), 2)
cv2.imshow("hog-detector", src)
cv2.imwrite("hog-detector.jpg", src)
cv2.waitKey(0)
cv2.destroyAllWindows()
```

运行程序，行人检测结果如图 13-5 所示。

图 13-5　行人检测结果

思考与练习

1. 简述 HOG 特征的原理和计算方法，并简述与其他特征比较的优缺点。
2. 编写程序，比较使用和不使用非最大抑制进行行人检测的效果。

第 14 章 网络图像采集

网络平台是最大的数据源,具有丰富的图像资源,自动从网络平台获取所需图像资源是建立海量专用图像数据库的重要途径。网络爬虫是自动获取网页信息的主要技术,其在搜索引擎领域得到了广泛的应用。网络爬虫,又称网页蜘蛛、网络机器人,是一种按照一定的规则,能自动抓取网络信息的程序或脚本。通常需要抓取的是某个网站或某个应用的内容,以从中提取有价值的信息,内容一般分为两部分:非结构化的数据和结构化的数据。图像数据就属于非结构化的数据。

14.1 网络爬虫的工作流程

网络爬虫的主要获取对象是网页,得到的数据有 HTML 文档、PDF 文档、Word 文档、视频、音频等,这些都是用户可以看到的。网络爬虫的主要思想是模拟人的浏览操作,在这种模拟的基础上解析网页并提取数据。

网络爬虫的具体工作流程如下。

首先,选取一部分精心挑选的种子 URL(网络地址)并开始抓取。Python 语言提供了很多类似的函数库或框架,如 urllib、requests、Scrapy 等,通过模拟真实用户浏览网页行为,获取 URL 所对应网页。

然后,将这些 URL 放入待抓取 URL 队列。通过对上一步获取的网页代码进行解析,可以通过 re(正则表达式)BeautifulSoup4、HTMLParser 等函数库来处理,提取出一系列的 URL 和目标数据。这些 URL 会被网络爬虫加入待抓取的 URL 队列中,我们可以将感兴趣的数据保存到指定位置。

接下来,从待抓取 URL 队列中取出待抓取 URL,解析其对应的 DNS 地址以得到主机的 IP 地址,并将 URL 对应的网页下载下来,存储到已下载网页库中。此外,将这些 URL 放进已抓取 URL 队列。

最后,从上一步获取到的网页中提取 URL 和目标数据,将 URL 加入待抓取队列中等待下一次网络爬虫访问,目标数据则被保存到指定位置,从而进入下一个循环过程。

14.2 数据抓取的实现

14.2.1 urllib 的使用

urllib 是 Python 内置的 HTTP 请求库，集成多个 URL 处理模块，可以对 URL 进行访问、读取、操作、分析。urllib 直接导入即可使用，无须安装，其构成如图 14-1 所示，其包含 urllib.request（HTTP 请求模块）、urllib.error（异常处理模块）、urllib.parse（工具模块）、urllib.robotparser（解析模块）4 个模块。

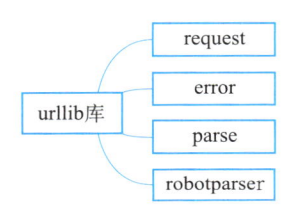

图 14-1　urllib 库构成

- request：HTTP 请求模块，可以用来模拟发送请求，只需要传入 URL 及额外参数，就可以模拟浏览器访问网页的过程。
- error：异常处理模块，检测请求是否报错，捕捉异常错误，进行重试或其他操作，保证程序不会终止。
- parse：工具模块，提供许多 URL 处理方法，如拆分、解析、合并等。
- robotparser：解析模块，主要读取、解析、处理网站 robots.txt 文件的相关函数。robots.txt 文件是网站管理者表达是否希望爬虫自动抓取或禁止抓取的 URL 内容，标准网站都包含一个 robots.txt 文件，合法的爬虫程序应该遵守该文件中的规定。利用该模块可以判断哪些网站可以爬取数据，哪些网站不可以爬取数据。

urllib 库提供的上层接口极大地方便了用户读取网络数据，其常用函数有 urlopen() 和 urlretrieve()。

urlopen() 函数用于创建一个表示远程 URL 的类文件对象，并像本地文件一样操作这个类文件对象来获取远程数据，该函数的语法格式如下：

```
urlopen(url, data=None, proxies=None)
```

其中：
- url 表示远程数据的路径，一般是网址。
- data 表示以 post 或 get 方式提交到 url 的数据（提交数据的两种方式：post 与 get）；如果不设置参数，HTTP 请求采用 post 方式，即从服务器获取信息；如果设置参数，

HTTP 请求采用 get 方式，即向服务器传递数据。
- proxies 用于设置代理。
- urlopen 返回一个类文件对象（fd），它提供了如下方法：read()、readline()、readlines()、fileno()、close()，这些方法的使用方式与文件对象完全一样。

【例 14-1】使用 urllib 爬取网页。

根据题目要求，编写程序如下：

```python
import urllib.request
response = urllib.request.urlopen('https://www.opencv.org')
html = response.read().decode('UTF-8')
print(html)
```

以上程序实现了网页访问和读取网页源代码这两个步骤。首先通过 import urllib.request 导入爬虫程序要使用的 urllib.request 模块；再通过 urilib.request 内置的 urlopen() 函数，访问 OpenCV 官方的网页，将 urlopen() 函数返回的 URL 对象赋值给变量 response，至此完成了访问网页的步骤；最后，通过 URL 对象的 read() 函数读取 URL 对象的 HTML 源代码字符串，并将源代码字符串输出。例 14-1 程序爬取的部分网页结果如图 14-2 所示。

图 14-2 例 14-1 程序爬取的部分网页结果

如果要把对应文件下载到本地，可以使用 urlretrieve() 函数。该函数的语法格式为：

```python
urlretrieve(url, filename=None, reporthook=None, data=None)
```

其中：
- url 表示远程数据的路径，一般是网址。
- filename 指定了保存本地路径（如果参数未指定，urllib 会生成一个临时文件保存数据。）
- reporthook 是一个回调函数，当连接上服务器，以及相应的数据块传输完毕时会触发该回调函数，可以利用这个回调函数来显示当前的下载进度。

- data 是指 post 导入服务器的数据，该函数返回一个包含两个元素的（filename, headers）元组，filename 表示保存到本地的路径，headers 表示服务器的响应头。

【例 14-2】使用 urllib 下载网页图片。

根据题目要求，编写程序如下：

```
import urllib.request
urllib.request.urlretrieve('http://www.baidu.com/img/flexible/logo/pc/index.png','logo.png')
```

例 14-2 程序爬取图片结果如图 14-3 所示，上述程序将百度搜索主页面的图片资源 index.png 下载到本地，保存为 logo.png 图片文件，并存放在程序的同一存储路径下。

图 14-3　例 14-2 程序爬取图片结果

有时候一些网站不想被爬虫程序访问，因此这些网站会检测连接对象，如果是爬虫程序，也就是非人为点击访问这些网站就会阻止继续访问。所以，为了让程序可以正常运行，就需要隐藏爬虫程序的身份，此时通过设置 User Agent（用户代理）来达到隐藏身份的目的。Python 允许用户修改 User Agent 来模拟浏览器访问。

因为通过 urlopen() 函数并不能直接修改 User Agent 属性，因此需要在 urlopen() 函数访问 URL 之前，通过 urllib.request 模块的 Request() 函数修改。urllib.request.Request() 函数将定义并返回 Request 对象，在创建 Request 对象时，填入 headers 参数（包含 User Agent 信息）。注意，该参数为字典。如果不添加 headers 参数，在创建完成之后，可使用 add_header() 函数添加。

我们在爬取网页的时候，不是通过浏览器正常访问的，所以会被很多网站禁止访问，因此也可以通过设置 User Agent 来达到目的。

User Agent 是 HTTP 协议中的一部分，属于头域的组成部分，简称 UA。它是一个特殊字符串头，是一种向访问网站提供所使用的浏览器类型及版本、操作系统及版本、浏览器内核等信息的标识。通过这个标识，用户所访问的网站可以显示不同的排版样式，从而为用户提供更好的体验或进行信息统计。例如，用手机访问谷歌网站和用计算机访问是不一样的，这些是谷歌网站根据访问者的 UA 来判断的。UA 可以进行伪装。

浏览器的 UA 字符串的标准格式：浏览器标识（操作系统标识；加密等级标识；浏览器语言），渲染引擎标识版本信息。各个浏览器有所区别。

综上所述，设置 User Agent 的方法有以下两种：实例化 Request 对象；修改 headers 参数或通过 Request 对象的 add_header() 函数添加。

【例 14-3】通过实例化 Request 对象，修改 headers 参数来设置 User Agent，并爬取网页。

根据题目要求，编写程序如下：

```
from urllib import request
base_url = 'http://www.baidu.com'
headers = {}
headers["UserAgent"] = 'Mozilla/5.0(Windows NT 10.0;Win64;x64) AppleWebKit/537.36(KHTML,like Gecko)Chrome/63.0.3239.84 Safari/537.36'
req = request.Request(url=base_url, headers=headers)
response = request.urlopen(req)
html = response.read().decode('utf-8')
print(html)
```

例 14-3 程序爬取的部分网页结果如图 14-4 所示。

图 14-4 例 14-3 程序爬取的部分网页结果

【例 14-4】通过 add_header() 函数添加方式，设置 User Agent，并爬取网页。

根据题目要求，编写程序如下：

```
from urllib import request
base_url = 'http://www.baidu.com'
req = request.Request(base_url)
req.add_header("UserAgent",'Mozilla/5.0(Windows NT 10.0;Win64;x64) AppleWebKit/537.36(KHTML,like Gecko)Chrome/63.0.3239.84 Safari/537.36')
response = request.urlopen(req)
html = response.read().decode('utf-8')
print(html)
```

例 14-4 程序爬取的部分网页结果如图 14-5 所示。

```
<!DOCTYPE html><!—STATUS OK—>

    <html><head><meta http-equiv="Content-Type" content="text/html;charset=utf-8"><meta http-equiv="X-UA-Compatible" content="IE=edge,chro
me=1"><meta content="always" name="referrer"><meta name="theme-color" content="#2932e1"><meta name="description" content="全球领先的中文搜
索引擎、致力于让网民更便捷地获取信息，找到所求。百度超过千亿的中文网页数据库，可以瞬间找到相关的搜索结果。"><link rel="shortcut icon" href
="/favicon.ico" type="image/x-icon" /><link rel="search" type="application/opensearchdescription+xml" href="/content-search.xml" title="百
度搜索" /><link rel="icon" sizes="any" mask href="//www.baidu.com/img/baidu_85beaf5496f291521eb75ba38eacbd87.svg"><link rel="dns-prefetch"
href="//dss0.bdstatic.com"/><link rel="dns-prefetch" href="//dss1.bdstatic.com"/><link rel="dns-prefetch" href="//ss1.bdstatic.com"/><link
rel="dns-prefetch" href="//sp0.baidu.com"/><link rel="dns-prefetch" href="//sp1.baidu.com"/><link rel="dns-prefetch" href="//sp2.baidu.co
m"/><title>百度一下，你就知道</title><style index="newi" type="text/css">#form .bdsug{top:39px}.bdsug{display:none;position:absolute;widt
h:535px;background:#fff;border:1px solid #ccc!important;_overflow:hidden;box-shadow:1px 1px 3px #ededed;-webkit-box-shadow:1px 1px 3px #ed
eded;-moz-box-shadow:1px 1px 3px #ededed;-o-box-shadow:1px 1px 3px #ededed}.bdsug li{width:519px;color:#000;font:14px arial;line-height:25
px;padding:0 8px;position:relative;cursor:default}.bdsug li.bdsug-s{background:#f0f0f0}.bdsug-store span,.bdsug-store b{color:#7A77C8}.bds
ug-store-del{font-size:12px;color:#666;text-decoration:underline;position:absolute;right:8px;top:0;cursor:pointer;display:none}.bdsug-s .b
dsug-store-del{display:inline-block}.bdsug-ala{display:inline-block;border-bottom:1px solid #e6e6e6}.bdsug-ala h3{line-height:14px;backgro
und:url(//www.baidu.com/img/sug_bd.png?v=09816787.png) no-repeat left center;margin:6px 0 4px;font-size:12px;font-weight:400;color:#7B7B7
B;padding-left:20px}.bdsug-ala p{font-size:14px;font-weight:700;padding-left:20px}#m .bdsug .bdsug-direct p{color:#00c;font-weight:700;lin
e-height:34px;padding:0 8px;margin-top:0;cursor:pointer;white-space:nowrap;overflow:hidden}#m .bdsug .bdsug-direct p img{width:16px;heigh
```

图 14-5　例 14-4 程序爬取的部分网页结果

由此可见，例 14-4 程序爬取的网页结果和例 14-3 完全一致。

14.2.2　requests 的使用

urllib 提供了大部分 HTTP 功能，使用起来比较烦琐。通常会使用另一个第三方库 requests，其最大优点是爬虫过程更接近 URL 访问过程。网络爬虫的第一步是数据的抓取，也就是使用 requests 实现发送 HTTP 请求和获取 HTTP 响应的内容。requests 提供了几乎所有的 HTTP 请求的方法。

其中，get() 函数是获取网页最常用的方式，调用该函数后，返回的是网页内容并以 Response 对象存储。与浏览器的交互使用一样，get() 函数类似发送 HTTP 请求，返回的 Response 对象就是 HTTP 响应。可以通过 Response 对象的不同属性来获取不同内容，使用方法是"对象名 . 属性名"。Response 对象的常用属性及函数见表 14-1。

表 14-1　Response 对象的常用属性及函数

属性及函数	含　义
text	HTTP 响应内容的字符串形式，即与 URL 对应的页面内容
content	HTTP 响应内容的二进制形式
encoding	HTTP 响应内容的编码方式
status_code	HTTP 请求的返回状态，整数，200 表示连接成功，404 表示连接失败
json()	如果 HTTP 响应内容包含 JSON 格式数据，那么该方法会解析 JSON 数据
raise_for_status()	如果 status_code 不是 200，就会产生异常

【例 14-5】通过 requests 爬取网页。

根据题目要求，编写程序如下：

```
import requests
response = requests.get('https://www.opencv.org')
print(response.text)
```

例 14-5 程序爬取的部分网页结果（如图 14-6 所示）与图 14-2 完全一致。

```
<!DOCTYPE html><html lang="en-US"><head ><meta charset="UTF-8" /><meta name="viewport" content="width=device-width, initial-scale=1" /><me
ta name='robots' content='max-image-preview:large' /><link rel="preload" href="wp-content/plugins/genesis-blocks/dist/assets/fontawesome/w
ebfonts/fa-brands-400.woff2" as="font" type="font/woff2" crossorigin><link rel="preload" href="wp-content/plugins/elementskit-lite/module
s/controls/assets/fonts/elementskit.woff?y24e1e" as="font" type="font/woff" crossorigin><link rel="stylesheet" media="print" onload="this.
onload=null;this.media='all';" id="ao_optimized_gfonts" href="https://fonts.googleapis.com/css?family=Open+Sans:300,400,600,700,800%7CPlay
fair+Display%7CRoboto%3A300%2C400%2C500%7CRoboto%3A100%2C100italic%2C200%2C200italic%2C300%2C300italic%2C400%2C400italic%2C500%2C500itali
c%2C600%2C600italic%2C700%2C700italic%2C800%2C800italic%2C900%2C900italic%7CRoboto+Slab%3A100%2C100italic%2C200%2C200italic%2C300%2C300ita
lic%2C400%2C400italic%2C500%2C500italic%2C600%2C600italic%2C700%2C700italic%2C800%2C800italic%2C900%2C900italic%7CSource+Code+Pro%3A100%2C
100italic%2C200%2C200italic%2C300%2C300italic%2C400%2C400italic%2C500%2C500italic%2C600%2C600italic%2C700%2C700italic%2C800%2C800italic%2C
900%2C900italic&amp;display=swap" /><link media="screen" href="https://opencv.org/wp-content/cache/autoptimize/css/autoptimize_8d793904069
323dbbdd5fb1e40c03869.css" rel="stylesheet" /><link media="all" href="https://opencv.org/wp-content/cache/autoptimize/css/autoptimize_406a
404df49e7badac34b5d1687bd6b6.css" rel="stylesheet" /><title>Home - OpenCV</title><meta name="description" content="OpenCV provides a real-
time optimized Computer Vision library, tools, and hardware. It also supports model execution for Machine Learning (ML) and Artificial Int
elligence (AI)." /><meta name="robots" content="index, follow, max-snippet:-1, max-image-preview:large, max-video-preview:-1" /><link rel
="canonical" href="https://opencv.org/" /><meta property="og:locale" content="en_US" /><meta property="og:type" content="website" /><meta
property="og:title" content="Home - OpenCV" /><meta property="og:description" content="OpenCV provides a real-time optimized Computer Visi
on library, tools, and hardware. It also supports model execution for Machine Learning (ML) and Artificial Intelligence (AI)." /><meta pro
perty="og:url" content="https://opencv.org/" /><meta property="og:site_name" content="OpenCV" /><meta property="article:publisher" content
="https://www.facebook.com/opencvlibrary" /><meta property="article:modified_time" content="2021-06-16T15:05:16+00:00" /><meta property="o
```

图 14-6　例 14-5 程序爬取的部分网页结果

14.2.3　BeautifulSoup 解析数据

抓取到数据后，就可以对 HTTP 响应的原始数据进行分析、清洗，以及提取所需要的数据。解析 HTML 数据可使用正则表达式（re 模块）或第三方库，如 BeautifulSoup、Scrapy 等。

BeautifulSoup 的安装：BeautifulSoup 是可以从 HTML 或 XML 文件中提取数据的 Python 第三方库，其中 BeautifulSoup4 是最常用的版本，简称 BS4。它提供了丰富的网页元素的处理、遍历、搜索与修改方法。通过 BeautifulSoup 可以使用简短的代码完成 HTML 和 XML 源代码数据的查找、匹配与提取。由于 BeautifulSoup 是第三方库，因此需要通过 pip 命令安装。在 Windows 系统命令提示符 cmd 环境下的 pip 安装命令如下：

```
pip install beautifulsoup4
```

安装过程如图 14-7 所示。

```
C:\Users\HP>pip install beautifulsoup4
Collecting beautifulsoup4
  Downloading beautifulsoup4-4.9.3-py3-none-any.whl (115 kB)
     |████████████████████████████████| 115 kB 92 kB/s
Collecting soupsieve>1.2
  Downloading soupsieve-2.2.1-py3-none-any.whl (33 kB)
Installing collected packages: soupsieve, beautifulsoup4
Successfully installed beautifulsoup4-4.9.3 soupsieve-2.2.1
```

图 14-7　安装过程

BeautifulSoup 的调用：BeautifulSoup 本身并不能访问网页，需要首先使用 urllib 或 requests 获取网页源代码，然后使用 BeautifulSoup 解析并提取数据。BeautifulSoup 库中主要的类是 BeautifulSoup，它的实例化对象相当于一个页面。可以使用 from...import 语句来导入库中的 BeautifulSoup 类，并通过调用 BeautifulSoup() 函数创建一个 BeautifulSoup 对象。

【例 14-6】通过 requests 爬取网页，并创建一个 BeautifulSoup 对象。

根据题目要求，编写程序如下：

```
import urllib.request
from bs4 import BeautifulSoup
r = urllib.request.urlopen('http://www.baidu.com')
r.encoding = 'utf-8'
soup = BeautifulSoup(r, "html.parser")
print(soup)
```

运行程序，可以得到如图 14-8 所示的部分网页内容。

```
<!DOCTYPE html>
<!--STATUS OK-->
<html><head><meta content="text/html;charset=utf-8" http-equiv="Content-Type"/><meta content="IE=edge,chrome=1" http-equiv="X-UA-Compatibl
e"/><meta content="always" name="referrer"/><meta content="#2932e1" name="theme-color"/><meta content="全球领先的中文搜索引擎、致力于让网
民更便捷地获取信息，找到所求。百度超过千亿的中文网页数据库，可以瞬间找到相关的搜索结果。" name="description"/><link href="/favicon.ico" re
l="shortcut icon" type="image/x-icon"/><link href="/content-search.xml" rel="search" title="百度搜索" type="application/opensearchdescript
ion+xml"/><link href="//www.baidu.com/img/baidu_85beaf5496f291521eb75ba38eacbd87.svg" mask="" rel="icon" sizes="any"/><link href="//dss0.b
dstatic.com" rel="dns-prefetch"/><link href="//dss1.bdstatic.com" rel="dns-prefetch"/><link href="//ss1.bdstatic.com" rel="dns-prefetch"/><
link href="//sp0.baidu.com" rel="dns-prefetch"/><link href="//sp1.baidu.com" rel="dns-prefetch"/><link href="//sp2.baidu.com" rel="dns-pre
fetch"/><title>百度一下，你就知道</title><style index="newi" type="text/css">#form .bdsug{top:39px}.bdsug{display:none;position:absolute;w
idth:535px;background:#fff;border:1px solid #ccc!important;_overflow:hidden;box-shadow:1px 1px 3px #ededed;-webkit-box-shadow:1px 1px 3px
#ededed;-moz-box-shadow:1px 1px 3px #ededed;-o-box-shadow:1px 1px 3px #ededed}.bdsug li{width:519px;color:#000;font:14px arial;line-heigh
t:25px;padding:0 8px;position:relative;cursor:default}.bdsug li.bdsug-s{background:#f0f0f0}.bdsug-store span,.bdsug-store b{color:#7A77C
8}.bdsug-store-del{font-size:12px;color:#666;text-decoration:underline;position:absolute;right:8px;top:0;cursor:pointer;display:none}.bdsu
g-s .bdsug-store-del{display:inline-block}.bdsug-ala{display:inline-block;border-bottom:1px solid #e6e6e6}.bdsug-ala h3{line-height:14px;b
ackground:url(//www.baidu.com/img/sug_bd.png?v=09816787.png) no-repeat left center;margin:6px 0 4px;font-size:12px;font-weight:400;color:#
7B7B7B;padding-left:20px}.bdsug-ala p{font-size:14px;font-weight:700;padding-left:20px}#m .bdsug .bdsug-direct p{color:#00c;font-weight:70
0;line-height:34px;padding:0 8px;margin-top:0;cursor:pointer;white-space:nowrap;overflow:hidden}#m .bdsug .bdsug-direct p img{width:16px;h
eight:16px;margin:7px 6px 9px 0;vertical-align:middle}#m .bdsug .bdsug-direct p span{margin-left:8px}#form .bdsug .bdsug-direct{width:aut
```

图 14-8 部分网页内容

上述创建的 BeautifulSoup 对象得到的是一个树结构，它几乎包含了 HTML 页面中所有的标签元素，如 <head><body> 等。

BeautifulSoup 对象的某一个属性对应 HTML 中的标签元素，可以通过“对象名 . 属性名”形式获取属性值。

可以将 BeautifulSoup 对象理解为对应整个文档的标签树对象，标签树中的具体标签点也叫作 Tag 对象。

实际上，在一个网页文件中同一个标签可以出现多次，如直接调用 soup.a 只能返回第一个标签。当需要列出对应标签的所有内容或查找非第一个标签时，可以使用 BeautifulSoup 对象的 find_all() 函数。该函数会遍历整个 HTML 文件，并按照条件返回标签内容（列表类型）。find_all() 函数的语法格式如下：

```
对象名.find_all(name,attrs,recursive,string,limit)
```

其中，各参数含义如下。

- name 表示 Tag 标签名。
- attrs 表示按照 Tag 标签属性值检索（需列出属性名和值）。
- recursive 表示查找层次（BeautifulSoup 默认检索当前标签的所有子孙节点，如果只搜索标签的直接子节点，就可以使用参数 recursive=False）。

- string 表示按照关键字检索 string 属性内容（采用 string= 开始）。
- limit 表示返回结果的个数，默认全部返回。

此外，BeautifulSoup 类还提供了一个 find() 函数，用于返回找到的第一个结果（字符串），其用法与 find_all() 函数类似。

【例 14-7】爬取网页，并使用 BeautifulSoup 保存所有图片信息。

根据题目要求，编写程序如下：

```
import requests
from bs4 import BeautifulSoup
url = 'https://tieba.baidu.com/p/6045474546'
header = {"User-Agent":"Mozilla/5.0(Windows NT 10.0;Win64;x64;rv:70.0) Gecko/20100101 Firefox/70.0"}
r = requests.get(url, headers=header)
info = r.text
soup = BeautifulSoup(info, 'html.parser')
all_img = soup.find_all('img', class_='BDE_Image')
for index, img in enumerate(all_img):
    src = img['src']
    url = str(index+1)+".jpg"
    r = requests.get(src)
    with open(url, 'wb') as f:
        f.write(r.content)
print(" 下载完 %d 张了……"%(index+1))
```

运行该程序，可将程序中指定的网页上的所有图片下载到本地。

思考与练习

1. 简述网络爬虫的工作流程。
2. 自己寻找一些带图片的网页，编写程序爬取网页上的图片并保存。

第 15 章　图像数据标注

随着计算机视觉应用的不断发展，大量的图像数据应运而生，其中图像标注是人工智能与计算机视觉的重要一环。例如，在自动驾驶领域，为了让汽车能够准确识别道路、行人及各种障碍物，需要大量的道路、行人标注图像数据来进行模型训练。通常在模型训练过程中，前期的数据准备、数据标注等任务会花费很长时间。因此，市面上已经涌现出许多数据标注服务和工具来满足该市场的需求，以提高效率。

常见的图像数据标注形式包含分类标注、标框标注（使用圆形、长方形、三角形、梯形、菱形、多边形等几何图形）、区域标注（使用多边形进行像素分割）、描点标注（标注位置）等。

1. 分类标注

分类标注是最基本的标注方式，就是常见的"打标签"，一般是从既定的标签（封闭集合）中选择与数据对应的标签，通常用在文本、图像、音频、视频等类型文件的数据标注中。图像分类标注是指根据需求，将图像按照不同类别进行分类，设置不同的分类标签。针对不同的场景和项目，对图像的分类方式也有所不同，可以根据主要物体进行单一分类，也可以给图像提供多个分类。

2. 标框标注

标框标注就是框选图像中要检测的对象，也就是标出图像中感兴趣的目标，如图像中的人、汽车、建筑物等。通常用最小外接矩形框出图像中所给类别的物体，一个框只能标一个物体，不可重复标注同一个物体。框选出待检测物体之后还需要对所选对象添加一个或多个标签进行注明，如人脸。

3. 区域标注（多边形标框）

因为物体的边缘可以是柔性的，因此相比标框标注，对图像的区域标注要求更加精确，更加关注如何将图像分割成属于不同语义类别的区域，而这些区域的标注和预测都是像素级的。需要围绕标注元素的轮廓进行标注，多以点框的形式进行。多边形标框往往也需要添加标签来对元素进行注明。通常用多边形贴合物体的轮廓，从而针对图像进行像素分类。如人像分割应用就是将人体轮廓与图像背景进行分离，标注时就需要使用区域标注将人体与背景标识出来。

4. 描点标注

描点标注会对每个点的位置进行限制和要求，从而实现高精度的检测识别。此类标注对人员的要求较高，但相应标注的成本也会高很多。人脸识别、骨骼识别等一些对特征要求细致的应用场景中，常常需要对图像进行描点标注。

5. 语义分割标注

此类标注应用较少，但目前此类标注有增加的趋势。此类标注需要对图像内的元素进行区分，并对每个部分分别进行标注填色，这样此部分元素就切割出来了。

常规的数据标注流程包括数据采集、数据清洗、数据标注、数据质检。

（1）数据采集。

数据采集是整个数据标注流程的首要环节。目前对于数据标注众包平台而言，其数据主要来源于提出标注需求的人工智能公司。对于这些人工智能公司，其数据又是从哪里来的呢？比较常见的是通过互联网获取公开的数据集与专业数据集。公开数据集是政府、科研机构等对外开放的资源，获取方式比较简单，而专业数据往往更耗费人力、物力，有时需要通过人工采集、购买获取，或者通过拍摄、录制等手段获取。

（2）数据清洗。

在获取数据后，并不是每条数据都能够直接使用，有些数据是不完整、不一致、有噪声的脏数据，需要通过数据预处理，才能真正投入问题的分析研究中。在预处理过程中，"洗掉"脏数据的数据清洗是重要的环节。在数据清洗中，应对所采集的数据进行筛检，去掉重复的、无关的数据，对于异常值与缺失值进行查缺补漏，同时平滑噪声数据，最大限度纠正数据的不一致性和不完整性，将数据统一成合适于标注且与主题密切相关的标注格式，以帮助训练更为精确的数据模型和算法。

（3）数据标注。

数据经过清洗，即可进入数据标注的核心环节。一般在正式标注前，需要算法工程师给出标注样板，并为具体标注人员详细阐述标注需求和标注规则，经过充分讨论和沟通，以保证最终数据输出的方式、格式和质量一步到位，这也被称为试标过程。试标后，标注工程师需要参照制定的要求，完成分类标注、标框标注、描点标注或区域标注等操作。

（4）数据质检。

无论是数据采集、数据清洗，还是数据标注，通过人工处理数据的方式并不能保证完全准确。为了提高数据输出的准确率，数据质检成为重要的环节，而最终通过质检环节的数据才算是真正的过关。

因为数据标注往往费时费力，通常需要借助第三方公司完成，因此对数据标注工具标注流程的管理、标注质量的规范化审核以及标注结果的规范化输出都有切实的要求。在业界，各大互联网及人工智能公司通常都有自己的标注平台和工具，能够规范化地完成数据标注流程，并助力与提升标注效率和标注质量。同时，很多人工智能开放平台也提供了标注工具，开放给人工智能开发者。

在计算机视觉研究领域，也有很多优秀的开源标注工具，包括 CVAT（OpenCV 出品）、VoTT（微软开发）、IAT、labelImg、Yolo_mark、LabelMe 等，都可以用于分类标注、标框标注、区域标注及描点标注等。本书使用 LabelMe 完成各项标注任务。以下介绍 LabelMe 的安装和使用。

15.1 LabelMe 的安装和使用

LabelMe 使用 Python 语言开发，并使用 Qt 作为图形界面，是常用的开源标注工具，可以在 GiHub 官网中获得。它支持在 Ubuntu、macOS、Windows 等各系统中安装，也可以在 Anaconda 和 Docker 环境中安装。本书以在 Windows 系统中安装为例，打开命令行，输入安装命令：

```
pip install LabelMe
```

就可以启动 LabelMe 的下载及安装过程，此时会安装 LabelMe 及其相关的软件包。安装成功后，会出现如图 15-1 所示的界面，代表成功安装了 LabelMe 及其相关的软件包。

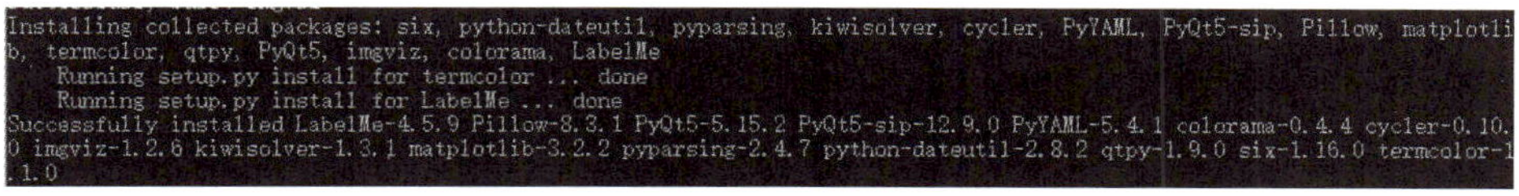

图 15-1 安装 LabelMe

安装成功后，输入命令"labelme"，即可启动如图 15-2 所示的 labelme 工作界面。labelme 工作界面包括顶部的菜单栏、左侧的操作选项栏、中间的标注图像区域，以及右侧的 Flags 文件列表、标签名称列表、多边形标注、图像文件列表。顶部的菜单栏包括文件、编辑、视图、帮助，左侧的操作选项栏包含打开文件、打开目录、下一幅图像、上一幅图像、保存、创建多边形、编辑多边形、复制、删除、撤销操作、图像放大等。根据不同的标注任务要求，可以打开要标注的文件或目录，然后进行分类标注、标框标注或描点标注等。

labelme 命令常用参数如下。
- flags：用于指定分类标志名称，可以是用逗号分隔的分类标志列，也可以是包含分类标志的 TXT 文件。
- labels：用于指定标签名称，可以是用逗号分隔的标签列，也可以是包含标签的

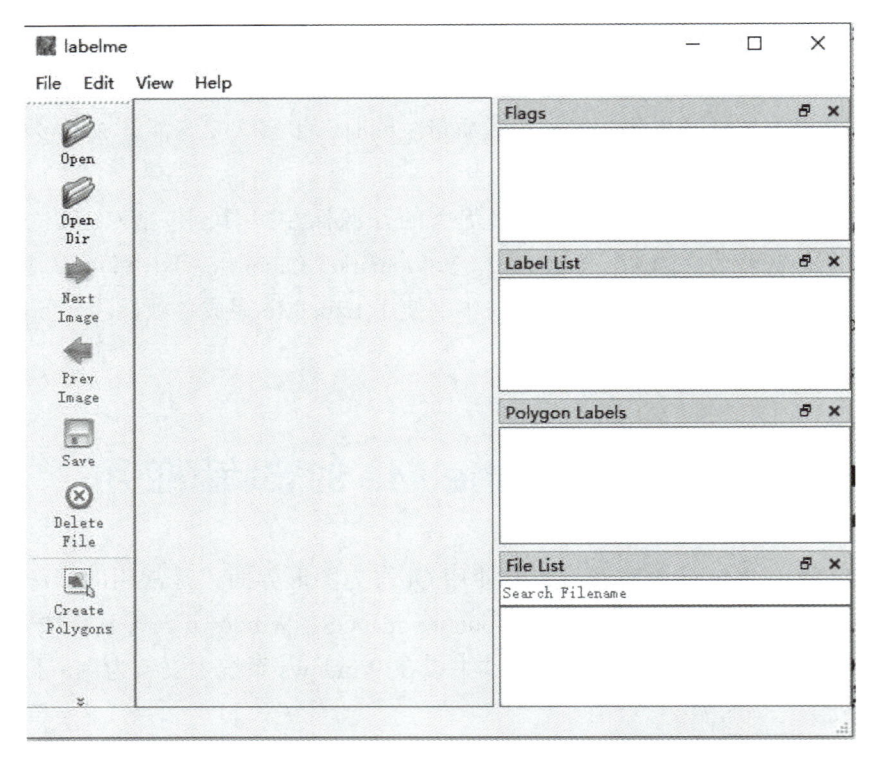

图 15-2 LabelMe 界面

TXT 文件。

- nodata：说明在标注文件中不需要增加图像的部分，也就是不保存图像到 JSON 文件中，如果不设置该参数，默认在生成的 JSON 文件中会保存图像的 MD5 编码。
- autosave：说明每次标注完成一幅图像进入下一幅图像的时候，系统不提醒是否保存，而是直接自动保存相应的 JSON 标注文件。

可以使用 labelme --help 命令查看更多的参数使用说明。

15.2 分类标注

花卉分类标注是一个典型的分类问题。从互联网上下载一系列的花卉图像后，使用 LabelMe 进行标注，为进一步的模型训练做准备。

使用 LabelMe 进行标注之前，需要准备一个类别的说明文件，通常命名为 flags.txt，这里说明本次标注的所有类别，常规的做法在第 1 行会使用 __ignore__ 类别，说明如果标注物超出范围的时候，归为此类别。

在本任务中，需要写入标注的 5 个花卉的分类和默认的 __ignore__ 类别。flags.txt 文件内容如下：

```
__ignore__
daisy
dandelion
rose
sunflower
tulip
```

将上面准备好的 flags.txt 文件和数据集 flowers 目录放在一个项目目录下，然后在该项目目录下启动 LabelMe。可以使用以下命令打开 LabelMe：

```
labelme flowers --flags flags.txt --nodata --autosave
```

其中，flowers 是标注图像所在的目录，--flags flags.txt 表示使用这个文件作为预置类别的模板。

LabelMe 启动后打开 flower\daisy 的第 1 幅图像，在 Flags 文件列表中可以看到在 flags.txt 中预置的类别，选择"daisy"选项，完成此图像的标注，如图 15-3 所示。

图 15-3　分类标注

单击左侧的"Next Image"按钮，系统会自动将当前的标注结果写入对应的 JSON 文件中。然后打开第 2 幅图像，继续刚才的操作，直到完成所有的图像类别标注。也可以单击"Prev Image"按钮，查看前面标注过的图像是否漏标或存在错误。全部完成后，可以直接关闭 LabelMe 工作界面。

标注完成后，查看 flowers 目录，可以看到每幅图像都多了一个同样命名的 JSON 文件，这就是对应的标注文件，其中记录了所有的标注结果。打开上面的 JSON 文件，文件内容如下：

```
{
  "version": "4.5.9",
  "flags": {
    "__ignore__": false,
    "daisy": true,
    "dandelion": false,
    "rose": false,
    "sunflower": false,
    "tulip": false
  },
  "shapes": [],
  "imagePath": "100080576_f52e8ee070_n.jpg",
  "imageData": null,
  "imageHeight": 263,
  "imageWidth": 320
}
```

可以看到在 flags 对象中，记录了标注的图像类别，结果是通过布尔类型表示的。标注文件还有图像属性，包括文件名称和图像的宽度、高度等。

15.3 标框标注

在行人检测中，给行人标注是一个典型的标框标注问题。准备一幅含有行人的图像，然后使用 LabelMe 进行标注，为进一步的模型训练做准备。

通过 LabelMe 进行标注之前，需要准备一个目标检测物体的预置文件，通常命名为 labels.txt。这里预先设置好标注物体的名称，在本任务中使用 labels.txt 文件，需要保持第 1 行增加 "__ignore__"（注意前后各两个下画线），第 2 行增加 "_background_"（注意前后各一个下画线），作为后续分割任务的忽略类型和背景类型。这里的 labels.txt 文件的内容参考如下：

```
__ignore__
_background_
PEOPLE
```

同样，将准备好的 labels.txt 文件和数据集 people 目录放在一个项目目录下，然后在该项目目录下使用以下命令打开 LabelMe：

```
labelme people --labels labels.txt --nodata --autosave
```

其中，people 表示打开该目录，--labels labels.txt 表示使用这个文件作为预置的标签文件。

运行命令，LabelMe 会打开 people 目录下的第 1 幅图像，右击鼠标，在弹出的快捷菜单中选择"Create Rectangle"命令，创建矩形框，如图 15-4 所示。

图 15-4 标框标注界面

然后紧贴着图像中的行人进行框选，保证人体的部分都在矩形框内。框选完成后，会弹出快捷菜单，根据预置的标签选择目标名称，这里选择"PEOPLE"，完成行人的标注。将当前图像中的所有行人都进行标注后，可以放大图像检查细节，注意不要漏标或错标，如图 15-5 所示。

图 15-5 标注行人

此例中标注了 5 个行人。

标注完成后，查看工作目录，可以看到工作目录下生成了一个和图像名称相同的 JSON 文件，这就是对应的标注文件，它记录了所有的标注结果。打开 JSON 文件，内容如下：

```
{
  "version": "4.5.9",
  "flags": {},
  "shapes": [
    {
      "label": "PEOPLE",
      "points": [
        [
          63.91638795986621,
          147.15719063545149
        ],
        [
          93.68227424749163,
          262.5418060200669
        ]
      ],
      "group_id": null,
      "shape_type": "rectangle",
      "flags": {}
    },
  ...(省略)
  "imagePath": "行人检测.jpg",
  "imageData": null,
  "imageHeight": 325,
  "imageWidth": 500
}
```

所有的标注信息都保存在 JSON 文件中，可以看到在 shapes 对象中，记录了标注的矩形框的数组。每个数组中包括：labels，标签值为 PEOPLE；points，包括标注的矩形的左上角和右下角的坐标的 x、y 值；group_id，表示分组的 ID 号；shape_type，表示框选的类型是矩形（rectangle）。标注文件末尾还有图像属性，包括文件名称和图像的宽度、高度等。

15.4 区域标注

人像分割就是一个典型的区域标注应用，就是将人体轮廓与图像背景进行分离，标注时就需要使用区域标注将人体与背景标识出来。

第 15 章　图像数据标注

通过 LabelMe 进行标注之前，需要准备一个人像目标的预置文件，通常命名为 labels.txt。这里预先设置好标注物体的名称，在本任务中的 labels.txt 文件中，需要在第 1 行增加"__ignore__"（注意前后各两个下画线），第 2 行增加"_background_"（注意前后各一个下画线），作为后续分割任务的忽略类型和背景类型。这里的 labels.txt 文件的内容参考如下：

```
__ignore__
_background_
PERSON
```

同样，将准备好的 labels.txt 文件和数据集 person 目录放在同一个项目目录下，然后在该项目目录下使用以下命令打开 LabelMe：

```
labelme person --labels labels.txt --nodata --autosave
```

其中，person 表示打开该目录，--labels labels.txt 表示使用这个文件作为预置的标签文件。

运行命令，LabelMe 会打开 person 目录下的第 1 幅图像，右击鼠标，在弹出的快捷菜单中选择"Create Polygons"命令，创建多边形框，如图 15-6 所示。

图 15-6　区域标注

此例中标注了一个人像。

标注完成后，查看工作目录，可以看到目录下生成了一个和图像名称相同的 JSON 文件，这就是对应的标注文件，它记录了所有的标注结果。打开 JSON 文件，内容如下：

```
{
  "version": "4.5.9",
  "flags": {},
```

```
    "shapes": [
      {
        "label": "PERSON",
        "points": [
          [
            118.68421052631578,
            240.52631578947367
          ]
        ],
        "group_id": null,
        "shape_type": "polygon",
        "flags": {}
      },
      {
        "label": "PERSON",
        "points": [
          [
            117.63157894736838,
            241.57894736842104
          ],
          …(省略)
          [
            96.05263157894734,
            257.36842105263156
          ]
        ],
        "group_id": null,
        "shape_type": "polygon",
        "flags": {}
      }
    ],
    "imagePath": "lena.bmp",
    "imageData": null,
    "imageHeight": 512,
    "imageWidth": 512
}
```

所有的标注信息都保存在 JSON 文件中,可以看到在 shapes 对象中,记录了标注的多边形框的数组。每个数组中包括:label,标签值为 PERSON;points,包括多边形多个顶点坐标的 x、y 值;group_id,表示分组的 ID 号;shape_type,表示框选的类型是多边形(polygon)。标注文件末尾还有图像属性,包括文件名称和图像的宽度、高度等。

此外,描点标注和语义分割标注的方法和上述方法类似。视频标注一般是将视频进行分帧，然后对每幅分帧图像进行标注，本书不做说明。

思考与练习

1. 简述常规的数据标注流程。
2. 自己定义一个多边形标注任务，利用 LabelMe 进行标注。

第 16 章　视频处理

扫一扫
看微课

视频信号（以下简称为视频）是非常重要的视觉信息来源，在视觉处理过程中经常需要处理视频信号。视频实际上可以看成由一系列静止图像构成的，这一系列静止图像被称为帧，帧是以固定的间隔从视频中获取的。获取（播放）帧的速度称为帧速率，常使用"帧/秒"表示，表示在 1 秒内所出现的帧数，对应的英文是 FPS（Frames Per Second）。从视频中提取出独立的帧，就可以使用图像处理的方法对其进行处理，达到处理视频的目的。

OpenCV 提供了 cv2.VideoCapture 类和 cv2.VideoWriter 类来支持各种类型的视频文件。在不同的操作系统中，它们支持的文件类型可能有所不同，但是均支持 AVI 格式的视频文件。

本章主要介绍 cv2.VideoCapture 类和 cv2.VideoWriter 类的相关函数，并说明使用它们进行捕获摄像头视频、播放视频、保存视频等基础操作。

16.1　cv2.VideoCapture 类

OpenCV 提供了 cv2.VideoCapture 类来处理视频。cv2.VideoCapture 类处理视频的方式非常简单、快捷，并且它既能处理视频文件又能处理摄像头信息。

16.1.1　类函数介绍

cv2.VideoCapture 类的常用函数包括初始化、打开、捕获帧、释放、属性设置等，下面对部分函数进行简单的介绍。

1. 初始化函数

OpenCV 中，cv2.VideoCapture 类提供了构造函数 cv2.VideoCapture() 用于打开摄像头并完成摄像头的初始化工作。该函数的语法格式为：

```
capture = cv2.VideoCapture(cameraID)
```

其中：
- capture 为捕获对象，是 cv2.VideoCapture 类的对象。
- cameraID 就是摄像头的 ID 号码。需要注意的是，这个参数是摄像设备（摄像头）的 ID 编号，而不是文件名。其默认值为 -1，表示随机选取一个摄像头；如果有多个摄像头，就用数字"0"表示第 1 个摄像头，用数字"1"表示第 2 个摄像头，以此类推。所以，如果只有一个摄像头，既可以使用"0"，也可以使用"-1"作为摄像头 ID 号。在一部分平台上，如果该参数值为"-1"，OpenCV 会弹出一个窗口，用户可以手动选择使用的摄像头。

例如，要初始化当前的摄像头，可以使用语句：

```
cap=cv2.VideoCapture(0)
```

注意，视频处理完以后，一定要记得释放摄像头对象。

该函数也可以用于初始化视频文件，初始化视频文件时，参数为文件名。此时函数的语法格式为：

```
capture=cv2.VideoCapture(filename)
```

例如，打开当前目录下文件名为"vtest.avi"的视频文件，可以使用语句：

```
cap=cv2.VideoCapture('vtest.avi')
```

2. cv2.VideoCapture.open() 函数和 cv2.VideoCapture.isOpened() 函数

使用 cv2.VideoCapture() 函数完成摄像头的初始化后，可以使用 cv2.VideoCapture.isOpened() 函数来检查初始化是否成功。该函数的语法格式为：

```
retval=cv2.VideoCapture.isOpened()
```

该函数会判断当前的摄像头是否初始化成功：
- 如果成功，那么返回值 retval 为 True。
- 如果不成功，那么返回值 retval 为 False。

如果摄像头初始化失败，可以使用 cv2.VideoCapture.open() 函数打开摄像头。该函数的语法格式为：

```
retval=cv2.VideoCapture.open(index)
```

其中：
- index 为摄像头 ID 号。
- retval 为返回值，当摄像头（或者视频文件）被成功打开时，返回值为 True。

同样，cv2.VideoCapture.isOpened() 函数和 cv2.VideoCapture.open() 函数也能用于处理

视频文件。在处理视频文件时，cv2.VideoCapture.open() 函数的参数为文件名，其语法格式为：

```
retval=cv2.VideoCapture.open(filename)
```

3. 捕获帧函数

摄像头初始化成功后，就可以从摄像头中捕获帧信息了。捕获帧所使用的是 cv2.VideoCapture.read() 函数。该函数的语法格式为：

```
retval, image=cv2.VideoCapture.read()
```

其中：
- image 是返回的捕获到的帧，如果没有帧被捕获，那么该值为空。
- retval 表示捕获是否成功，如果成功那么该值为 True，不成功则为 False.

4. 释放函数

在不需要摄像头时，要释放摄像头。释放摄像头使用的是 cv2.VideoCapture.release() 函数。该函数的语法格式为：

```
None=cv2.VideoCapture.release()
```

例如，当前有一个 cv2.VideoCapture 类的对象 cap，要将其释放，可以使用以下语句：

```
cap.release()
```

16.1.2 捕获摄像头视频

计算机视觉要处理的对象是多种多样的。有时，我们需要处理的可能是某个特定的图像；有时，要处理的可能是磁盘上的视频文件；而更多时候，要处理的是从摄像头中实时读入的视频流。下面用一个例子介绍如何通过 cv2.VideoCapture 类捕获摄像头视频。

【例 16-1】使用 cv2.VideoCapture 类捕获摄像头视频。

根据题目要求，编写程序如下：

```
import numpy as np
import cv2
cap = cv2.VideoCapture(0)
retval = cap.isOpened()
print(retval)
while(cap.isOpened()):
    ret, frame = cap.read()
```

```
        cv2.imshow('frame', frame)
        c = cv2.waitKey(1)
        if c == 27:
        #ESC 键
            break
    cap.release()
    cv2.destroyAllWindows()
```

【例 16-2】使用 cv2.VideoCapture 类播放视频文件。

根据题目的要求，编写程序如下：

```
import numpy as np
import cv2
cap = cv2.VideoCapture('viptrain.avi')
while(cap.isOpened()):
ret, frame = cap.read()
cv2.imshow('frame', frame)
c = cv2.waitKey(25)
if c == 27:
break
cap.release()
cv2.destroyAllWindows()
```

16.2 cv2.VideoWriter 类

OpenCV 的 cv2.VideoWriter 类可以将图片序列保存成视频文件，也可以修改视频的各种属性，还可以完成对视频类型的转换。

cv2.VideoWriter 类常用的成员函数包括：构造函数、write 函数等。本节简单介绍这两个常用的函数及释放函数。

1. 构造函数

OpenCV 为 cv2.VideoWriter 类提供了构造函数，用它来实现初始化工作。该函数的语法格式为：

```
<Videowriter object>=cv2.Videowriter( filename, fourcc, fps, framesize
[,isColor])
```

其中：

- filename 指定输出目标视频的存放路径和文件名。若指定的文件名已经存在，则会覆盖这个文件。
- fourcc 表示视频编码/解码类型（格式）。在 OpenCV 中用 cv2.VideoWriter fourcco 函数 () 来指定视频编码格式。
- fps 为帧速率。
- framesize 为每帧的长和宽。
- isColor 表示是否为彩色图像。

例如，下面的语句完成了 cv2.VideoWriter 类的初始化工作：

```
fourcc=cv2.VideoWriter_fourcc(*'XVID')
out=cv2.VideoWriter ('output.avi', fourcc, 20,(1024,768))
```

如果 fourcc 为 -1，系统可能会弹出一个对话框供选择。例如，设置视频分辨率为 1024 像素 × 768 像素，保存为 avi 格式，可以使用以下语句：

```
fourcc=-1
out=cv2.VideoWriter ('output.avi', fourcc, 20,(1024,768))
```

2. cv2.VideoWriter.write 函数

cv2.VideoWriter 类中的 cv2.VideoWriter.write 函数用于写入下一帧视频。该函数的语法格式为：

```
None=cv2.VideoWriter.write(image)
```

其中，image 表示要写入的视频帧。通常情况下，要求彩色图像的格式为 BGR 模式。

在调用该函数时，直接将要写入的视频帧传入该函数即可。例如，有一个视频帧为 frame，要将其写入上面的示例中名为 out 的 cv2.VideoWriter 类对象内，需使用以下语句：

```
out.write(frame)
```

上述语句会把 frame 传入名为 output.avi 的 out 对象内。

3. 释放函数

在不需要 cv2.VideoWriter 类对象时，需要将其释放。释放该类时所使用的是 cv2.VideoWriter.release() 函数。该函数的语法格式为：

```
one=cv2.VideoWriter.release()
```

例如，当前有一个 cv2.VideoWriter 类的对象 out，可以使用以下语句将其释放：

```
out.release()
```

16.3 保存视频

保存视频包括创建对象、写入视频、释放对象3个步骤，下面对各个步骤做简单的介绍。

1. 创建对象

在创建对象前，首先需要设置好参数。
- 设置好要保存的具体文件名，例如，filename="out.avi"。
- 使用 cv2.VideoWriter_fourcc() 确定视频编码／解码的类型，例如，fourcc=cv2.VideoWriter_fourcc(*'XVID')。
- 确定视频的帧速率，例如，fps=20。
- 确定视频的长度和宽度，例如，size=(640,480)。

然后利用上述参数，创建对象。例如：

```
out=cv2.VideoWriter( filename,fourcc,fps,size)
```

当然，也可以直接在函数内用需要的参数值创建对象。例如：

```
out=cv2.VideoWriter ('out. avi' , fourcc, 20,(640,480))
```

2. 写入视频

使用 cv2.VideoWriter.write() 函数在创建的对象 out 内写入读取到的视频帧 frame，使用的语句如下：

```
out.write(frame)
```

3. 释放对象

在完成写入视频操作后，释放对象 out，语句为：

```
out.release()
```

【例16-3】使用 cv2.VideoWriter 类保存摄像头视频。

根据题目的要求，编写程序如下：

```
import numpy as np
import cv2
```

```
cap = cv2.VideoCapture(0)
fourcc = cv2.VideoWriter_fourcc('I', '4','2','0')
out = cv2.Videowriter('output.avi', fourcc, 20, (640, 480))
while(cap.isOpened()):
ret, frame = cap.read()
if ret == True:
out.write(frame)
cv2.imshow('frame', frame)
if cv2.waitKey(1) == 27:
break
cap.release()
out.release()
cv2.destroyAllWindows()
```

运行上述程序，程序就会捕获当前摄像头的视频内容，并将其保存在当前目录下名为"output.avi"的视频文件中。

思考与练习

1. 使用带摄像头的计算机，编写捕捉摄像头视频程序，并保存视频。
2. 尝试编写视频处理程序，进行动态的人脸检测。